住居
ヒツジ
(ジャコブ&チェビオット)
牛乳山へ
(熊出没注意)
住居
畑
住居
豚舎
鶏舎
子牛
牛舎
畑
搾乳室
カリンパニ
たい肥舎
厩舎
(まる子&サリー)
住居

共鳴力

ダイバーシティが生み出す新得共働学舎の奇跡

宮嶋 望

地湧社

共鳴力

多様性(ダイバーシティ)が生み出す新得共働学舎の奇跡

宮嶋望

はじめに

2016年（平成28）8月に、障がい者施設で元職員により大量殺害される悲惨な事件がありました。一度に19人もの人が殺害されるという事件は、戦後最大で日本近代史の中でも津山32人殺しに次ぐ殺人事件です。

この事件自体が怖ろしいことであるのは当然ですが、それ以上に、強く僕の心に突き刺さったのは、この事件の犯人に共感する人々がいたということでした。共感しないまでも、漠然と「殺された人たちは可哀想だけど、生きていてもしかたないのだから、むしろよかったのかもしれない」という思いを抱く人が、けっこう多いということです。

殺された障がい者の家族も、今回の事件で被害者名の公表を断った理由として、「この国では、全ての命はその存在だけで価値があるという考えが当たり前ではないので、とても公表することはできません」（毎日新聞、2016年8月6日）と、日本でも優性思想が根強いことと伝えています。

この事件についてマスコミでは事件の衝撃やネット上などに共感する発言があると伝えたものの、そうした発言の根底にある価値判断にまで深掘りしたものは少なかったと思います。

口には出しにくいけれど、「障がい者は生きていても無駄じゃないか」、そんな思いを持つ人が多いのだと思います。そうした思いを完全に否定しきれる人は少ないのでしょう。

犯人の男は、そうした思いをエスカレートさせ、「人はどんな状態でもよいから生かしておくべきなのでしょうか?」という問いを投げかけてきた。そして、自分のことを自分でできない人を、「そんな存在はもういらない。そこにお金をかけてケアをしている社会福祉の行政の仕組みの中で、自分はこんなに大変なんだ」と結論を出して殺害を強行し、命をポンポンポンと消していった。それに同調するかのように、「犯人はよくやった!」「障がい者は死んで当然!」「生きていてもしょうがない」という共感が起きたわけです。

そんな考えに対して、僕はまったく違うと言います。「まだ、そんな考えをしているの?」と言いたい。「障がい者を含めていまの世の中で生きづらさを抱えている人たちこそ、次の時代の問題点や解決方法を伝えるためにやってきたありがたいメッセンジャーなんですよ。みんなにとって大切な存在なんですよ」と言いたい。

一般に、障がい者や弱い立場に立つ人と一緒に生きていくため、社会的な援助や相互扶助をするのは、功利主義的な文脈から正当化されます。誰もがいつそういう立場になるかわからないという保険的な意味合いですね。アメリカの哲学者ジョン・ロールズの「無知のヴェール」による正義論につながる考え方です。しかし、僕は、障がい者や弱い立場に立つ人はむしろ積極的な意味合いを持つ存在だと思うのです。

そもそも、自然界や生態系は多様性に満ちています。人間世界も多様性があったほうがよいのです。なぜか？　世界は想像もしていないような変動が起きる。そうして環境が大きく変わったときに、それまでの環境で押さえつけられてきて芽が出なかったものが、新しい環境に対応して大きく成長するようになる。あるいは、新しいエネルギーの循環を生み出してその主役になる。それまでデカイ顔をしていたものが潰れて、そのあとに入れ替わっていくのです。これが自然の原理であり、宇宙の原理であり、この世に存在するものの宿命です。

よく、生命の世界も人間の世界も「弱肉強食」だと言われます。これは、間違いです。「弱肉強食」ではなく「適者生存」です。つまり環境に適応した者が結果として強者になっていくのです。ただし、いまの環境に適応すればするほど、新たな環境への適応力は弱まります。恐竜の絶滅もそうして起こりました。いま人類も人間社会も危機に直面していると、現代の思想家や科学者が警告を発するのも、そうした原理に基づいているからです。
ひと言でいえば、この世界に「いらない人間なんていない」ということです。いま弱者とされている人々の中に次の時代を切り開く種があるということです。例えば、彼らが生きづらいとされる立場で、生き甲斐や充実感、生きる喜びを見つけることができたら、その営みの中にみんながよい人生を送るのに役立つヒントがあるはずです。彼らが予想もしない力を発揮することを知れば、彼らを劣った存在だとか単に保護する対象というふうに見ることができなくなります。そして、彼らを含めみんなで共働し、共生し、共鳴し、共感することが必要だと知るでしょう。それが、僕たちが未来に向けて生き延びる道なのです。

彼らは「可哀想な人々だから生かしてあげる存在」ではありません。「彼らも含めたみんながいるから、僕たちは次の環境でも生きていける」というとても必要な存在なのです。

この四、五〇年間、生き方を変えよう、社会を変えよう、世界を変えようという試みが少しずつ行われてきています。障がい者福祉も少しずつ充実してきたし、新しい生き方が持続的にうまくいっている例もあります。

道は見えているのです。もっとも、まだまだ世の中の価値基準では評価されていません。人間全てに価値があることの意味が浸透していない。それが、この事件で示されたというわけです。

この考え方にまだ納得できない方もいるかもしれません。しかし、本書で紹介しますが、例えば僕らの新得共働学舎では、自閉症の子どもの500円玉貯金がきっかけでチーズ製造の本格的な研究施設ができて、とうとう世界グランプリのチーズができてしまった。おかげで、僕らは「自労自活」して生きていくことができるようになったのです。障がいがあることによって、予想もしない生き方がひらかれたのです。

僕らの新得共働学舎の40年間はそうしたドキドキワクワクするような試みの連続でした。本書で紹介するのは、これまで実践してきた、とってもポジティブな共働、共鳴、共生、共感のやり方です。これらは次の時代の生き方であり組織運営のノウハウです。だから、現代に生きる人々みんなの参考になると確信しています。

二〇一七年一月吉日

宮嶋　望

新得共働学舎の仲間たち（食堂前で）

共鳴力
多様性（ダイバーシティ）が生み出す新得共働学舎の奇跡　目次

第二章　共鳴：人間もチーズもニコニコ共振する環境って？

――メタサイエンスが整える楽しい農業と生活

■メタサイエンスとは
■電子農法を通じて知った炭埋(たんまい)
■中尊寺・藤原三代ミイラ棺の周辺にも炭が
■十字炭埋を伊藤孝三さんに学ぶ
■電子水とセラミックスの効果　〝究極の浄水器〟
■微生物が作る本物のおいしさ
■キャラハン理論との出会い
■電磁場が生命に与える影響に注目する
■生態系の美しさは自然の法則に則っている
■人間の体も電磁場の影響を受けている
■人間は1・5ボルトで動いている
■鉄の文明から生態系の文明へ
■「新月の木」の不思議・天体運行と電磁波
■「バイオダイナミック農法」（シュタイナー）の採用
■エネルギーの循環する最高の環境を整えよう
コラム：カタカムナと電磁気学

第三章　共生：『もののけ姫』に読む〈鉄とチーズ〉

■『もののけ姫』のストーリー
■アシタカ（エミシ）・サン（自然）・エボシ御前（人間）の象徴するもの
■タタラ場の描写に鉄とチーズの文明史を見る
■鉄の桶が象徴する原子力
■鉄とチーズはメソポタミアで生まれた
■常磁性をたどって日本まで続く鉄とチーズの道（蘇と醍醐）
■大陸から流れ着き吹きだまった日本人の多様性
■常磁性の道は新得へ
■エネルギーが循環する生きている場所でチーズ作りを
■電磁波（電気＋磁気）の「気」に敏感だった日本人（古武道）
■森のなかで育まれてきた和の文明
■日本人が旨味（グルタミン酸・イノシン酸など）を見つけるわけ
■軟水と日本人の性質
■「和」という生き方に可能性を探る
コラム：ジャレド・ダイアモンドからの示唆

第四章　共感：生きる場所の組織論

序章　この本のテーマ「共鳴力」と共働学舎の全体像

本書のテーマは「共鳴力」＝チームワークの新しい形です

新得共働学舎は、さまざまな生い立ちや個性をもったメンバーが共に暮らし、自然の営みの中で働いている農場です。わたしたちがこの地にやってきた１９７８年（昭和53）からもうすぐ40年たちます。

その間にはいろいろなことがありました。とっても悲しいできごとや厳しい試練もありました。もちろん楽しくうれしいことも、喜ばしいこともありました。

そうした経験と実践の中でつかんできたものがあります。それは、これからの世の中にきっと役に立つものだと思っています。これから進むべき方向、新しい生活のあり方だと思っています。

僕はこれまで、地湧社から2冊の本を出させていただいてます。１冊目の『みんな、神様をつれてやってきた』（２００８年）は新得共働学舎について、そこに生きるわたしたちの暮らしとそれまでの歩みを紹介させていただきました。２冊目の『いのちが教えるメタサイエンス　炭・水・光そしてナチュラルチーズ』（２０１１年）は、僕がこの地で実践し確かめてきた生命とエネルギーについて、生活と農業生産の基礎としているメタサイエンスについてくわしく解説しました。

このほかにわたしたちの暮らしをテーマとした本には、僕が出した『いらない人間なんていない』（いのちのことば社・２０１４年）、ノンフィクション作家の島津奈津さんが書いてくださった『生きる場所のつくりかた』（家の光協会・２０１４年）があります。

今回、地湧社から3冊目として出す本書『共鳴力：多様性（ダイバーシティ）が生み出す新得共働学舎の奇跡』は、わたしたちの共働生活がどうして可能なのか、なぜ続けてこられたのかをテーマとしています。新得共働学舎では、さまざまな困難を抱えたメンバーを中心にして、自主性をあくまで尊重し、「やりたいことだけ、できることだけをやる」ということでやってきました。そうした運営で、国際的な賞をもらうチーズ製品を作り、経済的にも自立できるようになってきました。よく、「どうしてこれまで続けることができたのですか？」と訊かれることがあります。私たちの共働生活のチームワークは、これからの時代に企業、団体、グループがビジネスやさまざまな活動を展開していくときにも参考になると思います。

それは1冊目と2冊目の本で述べた、農場で仲間と暮らす中で、メタサイエンスをもとに試行錯誤して実践する中で育まれてきたものです。ですから、今回の本を初めて読む方のためにも、またその考えを支える実践を知っていただくためにも、第一章「共働：新得共働学舎の実践〜「自労自活」の実現〜」と第二章「共鳴：人間もチーズもニコニコ共振する環境って？」という形で整理して述べさせていただきます。それぞれについて、さらに詳しく知りたい方は、前二著をお読みいただければと思います。

そして、第三章「共生：『もののけ姫』に読む〈鉄とチーズ〉」では僕が共感し考えさせられた宮崎駿監督のアニメ映画『もののけ姫』（1997年）をベースに、日本人のオリジナリティと進むべき方向は、風土に根ざしたところに核（コア）がある。そう、「和の精神（ハーモニー）」があることを述べています。僕は日本がこれから進むべき方向は、ここにあると考えるからです。

第四章では「共感：生きる場所の組織論」として、わたしたちの暮らしがどんな人間関係の中で運営されているのかをもとに、新しいチーム運営を示しています。

わたしたちの農場で暮らす人たちの約半分は、社会に居場所の見つけられない人、心身に重い妨げを抱えている人たちです。具体的には、精神障がい、知的障がい、身体障がいなどを持っている人たち、また心に傷を負い、引きこもり状態だった人たちなどです。それ以外のメンバーも、みんなそれぞれ何らかの重荷や課題を背負って生きています。ですから、衝突やトラブルは当然のように生じます。しかし、そんな問題の発生こそが新しい時代のニーズ（需要）をいち早く先取りし、解決方法も指し示してくれているのです。ぶつかり合ったり、問題が生じることは互いに共鳴し合う第一歩です。その共鳴の中から、より高次なハーモニー（和の精神）が生まれるのです。

わたしたちのこうしたあり方は、きっとこれからの人間関係のあり方、組織のあり方、社会のあり方、そして生き方について、何らかの新しいかたちを示しているのではないかと思うのです。

新得共働学舎の成り立ち

新得共働学舎は現在、70名以上の人たちが関わり、暮らしています。最近はやりの言葉でいうソーシャルファーム（社会的企業）ということになります。

組織としては、「NPO共働学舎」の一員である「新得共働学舎」と「農事組合法人共働学舎新得農場」とが同居している形になります。メンバーの大部分は新得共働学舎に所属し、農業生産活動で収益をあげている農事組合法人に労務提供をしている形になります。生産物はチーズと農作物が主力で、ほかに生乳、肉牛、養豚、養鶏、食肉製品、手芸品、パンなどを生産し、併設カフェ・売店も営業しています。それから、チーズ作り研修やソーシャルファームに関してのグリーン・ツーリズムの機会も提供しています。チーズは、世界的なコンテストでグランプリになるなど国内外で賞をいただいており、おいしさが広く知られるようになり全体の売上の約7割になります。

メンバーの多くが農場内にあるいくつかの建物に住んでいます。農場には牛舎、豚舎、鶏舎、羊小屋、馬小屋、搾乳室、チーズ工房、チーズ熟成庫があります。また、農業研修生が泊まる施設、講義やチーズづくりの講習を行う場所もあります。ブランドを確立して、このところ堅実な運営ができるようになり、農地や放牧地もずいぶん増えています。

NPO共働学舎は新得を含め全国4か所に拠点のある組織です。私の父・宮嶋眞一郎が1976年（昭和51）からはじめた、理想の生き方を実現することを目指した「農業家族、福祉集団、教育社会」です。一緒に生活しながら働き、互いに面倒をみて、学びあう共同体（共同生活をおくる集団）です。ハンディのある人と一緒に農業を営みながら生活しています。食住が保証されます。とはいえ、その収益だけでは生活資金がまかなえないので、理想に共感した共働学舎を応援してくださる会員の皆様からいただく寄付金をベースに活動しています。そしていままでは、新得共働学舎はチーズの製造販売で収益を上げ経済的に自立することができるようになったので、現在は共働学舎東京本部からの生活費の補充・助けなしで運営されるようになりました。

「共働学舎の構想」の実現に向かって

「共働学舎の構想」（250ページに要約：The initiative of Kyodo-gakusha）は、宮嶋眞一郎が共働学舎を設立にあたり掲げた公約（Manifest）であり、方針・指針（Policy）であり、計画（Agenda）であり、目標（Goal）であり、理念・理想（Dream）です。

そこでは、共働学舎のあり方が「農業家族」「福祉集団」「教育社会」という三つに示され、この三つの性格を兼ね合わせ持つ共同生活集団（※）であることが構想されています。新得共働学舎も共働学舎の拠点の一つとして開設され、この理想の実現を目指して実践してきました。

※生活共同体（コミューン）：日本では先例として、トルストイズム（トルストイ主義）の影響を受け、武者小路実篤が主宰した「新しい村」などがあります。さらに欧米の歴史をさかのぼれば、キリスト教的コミューン、社会主義コミューンなどの存在があります。社会主義コミューンにはロバート・オーエンのニューハーモニーやフー

リエ主義者のファランクスなどの実験がありましたが短命に終了しています。社会全体の変革や革命を待つのではなく、「いま・ここ（be here now）」において、少しでも人間的な生活を実践したいという理想主義から生まれた共同生活を求める運動の系譜があるのです。福祉系、ヒッピー系、宗教系などいろいろな種類があります。北米のアーミッシュ、イスラエルのキブツなどが有名です。

共働学舎が創立された1974年ごろは、学園紛争の終息とともに、新しい生き方を求めて、いろいろな共同体が生まれた時期でした。共働学舎にも多くの若者たちが参加してくれました。

「農業家族」

まず、「農業家族」ですが、僕らは農業を営む一種の家族だということです。つまり企業ではなく家族だということです。属しているメンバーも家族の一員ですから、家庭である新得共働学舎とは雇用関係ではありません。家族ですから生活を共にし財布（基礎的な生活費）は一つです。住むところと食事、生活や活動に必要な物やお金を得られるように皆で協力します。障がい者年金など収入がある人もいますが、それらは個人のものです。

家族単位で町営住宅や自分で建てた家に住んでいるメンバーもいます。

生活費は毎月決められた額をメンバー全員一人一人出し合ってやりくりしています。

さらに新得共働学舎はＮＰＯ共働学舎に所属しており、ＮＰＯ共働学舎は農事組合法人・共働学舎新得農場と労務提供の契約している関係です。

つまり、一家で農業企業の下請け（業務委託）をしており、その売上収入でみんなで暮らしているということです。

※農事組合法人共働学舎新得農場には、チーズ工房でパートタイムとして働き賃金が支払われる形の人もいます。

「福祉集団」

二番目の「福祉集団」というのは、障がいを持っていたり、さまざまな原因により社会で生きづらい人たちと補い合いながら暮らすということです。例えば、自閉症、癲癇（てんかん）、弱視、統合失調症、躁鬱（そううつ）、引きこもり、学習障がい、アスペルガー症、ホルモン異常症、サリドマイド薬害による症候群、舞踏病、ホームレス、刑務所から出所してきて行き場のない人、ＤＶ（家庭内暴力）に悩まされている人々などです。僕たちは社会福祉法人ではありません。社会福祉の法律では、精神障がい、知的障がい、身体障がいなどそれぞれごとに施設が運営されることになっていて、いろいろな種類の障がい者が一緒に暮らす前提になっていません。また、僕たちは、法律の福祉対象外にいて生きづらさを抱えた人たちも受け入れているからです。

健常者もそうした問題を抱えている人たちも一緒に働き暮らすという生活をおくっています。それは「この世の中にいらない人間なんていない」という信念があるからです。宮嶋眞一郎は、それを「共働学舎の構想」の冒頭で、聖書のコリント前書（コリント人への第一の手紙）の言葉を掲げ、共働学舎の設立の基本理念として表明しています。「コリント人への第一の手紙　第十二章」に「それは、体が一つであっても多くの肢体（えだ）があり、体のすべての肢体が多くあっても一つの体であるように、キリストも同様だからです。」とあります。（※）

※「共働学舎の構想」冒頭に掲げられた聖書からの言葉

「神は、神を愛する者たち、すなわち、ご計画に従って召された者たちと共に働いて、万事を益となるようにして下さることを、わたしたちは知っている。」（ロマ書八章）

「からだは肢体だけではなく、多くのものからできている。からだのうちで他よりも弱く見える肢体が、かえって必要なのである。

それは、からだの中に分裂がなく、それぞれの肢体が互いにいたわり合うためなのである。
もし一つの肢体が悩めば、かの肢体もみな共に悩み、一つの肢体が尊ばれると、ほかの肢体もみな共に喜ぶ。
あなたがたはキリストのからだであり、ひとりびとりはその肢体である。」（コリント第1の書十二章）

宮嶋眞一郎の心にはいつも、新約聖書の「コリント人への手紙第一の第十二章」が息づいていました。人間のからだについて、それはただひとつの肢体（器官）ではなく、多くの肢体（器官）から成り立っているのだ、と説かれる章です。

この章の一七節には、「もしからだ全体が目だとすれば、どこで聞くのか。もし、からだ全体が耳だとすれば、どこでかぐのか。そこで神は御旨（みむね）のままに、肢体をそれぞれ、からだに備えられたのである」とあります。

それから、「目は手にむかって、『おまえはいらない』とは言えず、また頭は足にむかって、『おまえはいらない』とも言えない。そうではなく、むしろ、からだのうちで他よりも弱く見える肢体が、かえって必要なのであり、からだのうちで、他よりも見劣りがすると思えるところに、ものを着せていっそう見よくする」と続きます。

つまりここには、世界にはむしろ弱いものが必要なのだ、と書かれているのです。「弱いものの小さな声」に耳を傾けること。強いものと弱いものがそれぞれあってはじめて、世界は調和を持って一つの豊かな響きを奏でるでしょう。父は、弱い人たちが自労自活できるようになることが、弱い人たちだけにとどまらず世界の全体に意味のあることなのだ、と信じました。強いものだけ、弱いものだけの世界があるとしたら、そこでは深い共鳴が起こりません。それはなんと薄っぺらで脆弱(ぜいじゃく)な世界でしょうか。

共働学舎は社会福祉法人ではありません。NPO法人（特定非営利活動法人）として10年前（２００６年）に認可されましたが、それまでの33年間は任意団体として運営されてきています。また、社会福祉法人ではないので、いわゆる福祉予算からのお金をいただいておりません。福祉予算のお金をもらうには、行政の枠に入り、その監督に依存しなくてはなりません。その場合、まず知的障がい者施設とか身体障がい者施設、介護老人施設などと対象となる人たちが混じり合って一緒に暮らすことが想定されていないのです。基本的に、世話する側と世話される側がいるという前提になっていて、一緒に働き暮らすという共働学舎のあり方は、そこから外れているのです。

『共働学舎の構想』にはこう書かれています。

「福祉事業とは、小鳥のために立派な鳥籠を作るようなことではないと考えます。扉を開け放しておけば小鳥は必ず外へ逃げ出します。

生命あるものは、自由を求めることがごく自然であるためです。

外に出れば必ず、餌を得ること、巣を作ること、外敵から身を守ることが必要になります。

生命の自由には危険と苦労が伴うことは自然のことです。

私達は、安全第一主義の管理社会よりも苦労を承知の上での自由な社会でありたいと願います。」

「現代社会では、数字の魔力が人の運命まで支配するほどになってきています。

知能指数というような非常に限られた基準のみで障がいの有無を規定してしまい、学校でも施設でも分類して収容するという形以外の方法が殆ど考えられない現状を、人間としてのあり方、集団社会のあり方として本当にそれでよいのかと考えざるを得ません。
障がい者を安全管理することが福祉であるとは思えません。」

つまり、人を障がいの種類で分類した施設の中で、保護するという名目で安全管理するのと違う福祉を目指しますよということです。そのため、行政が福祉事業の要件とする枠とズレる部分があり、福祉予算の対象とならないのです。

「教育社会」

三番目の「教育社会」はちょっとわかりづらいかもしれません。もともと、宮嶋眞一郎が共働学舎を始めようとしたのは、私立学校の教師を三〇年間続ける中で、いちばん教育を必要としている子どもたちに手が届いていないという思いがあったからです。障がいをもった子、ひきこもりや精神的な悩みを抱えた子、犯罪を起こしてしまった子。学園に入ってくることができない、そういった子どもらこそ、最も教育を必要としているはずだという思いからでした。そうしたひとたちに「自分の力でどのように生きていくのか」を教え、生きていける場を創りたいと共働学舎を始めたのです。

「共働学舎の構想」ではこう述べられています。

「教育の目的や体制がこの競争社会で有力に生きる人間を育てることに偏っている以上、自分の名誉や利益を第一とし、形式的資格や見栄を重んずる人間は多く生まれても、他を重んじ、他と協力して生きようとする人間はなかなか生まれてきません。いわゆる弱者の上に強者が乗って造られているのが、日本の現代社会のように思われます。

多様である故に一致するときにこそ価値がある人間の生命を、可能性を見出しつつ育てるところに使命をもつべき教育が、そのあるべき姿から離れて全く別の方向に走り続けているいまの社会は、国の内外でそのうちに取り返しのつかない結果を必ず生ずることを憂います。

共働学舎はいまの社会通念となっている点数によって評価される価値観ではなく、人間一人一人に必ず与えられていると信ずる固有の命の価値を重んじ、互いに協力することによって、個ではできない更に価値のある社会を造ろうと願うものです。」

具体的には、新得共働学舎では農業、チーズ作り、手工芸品、カフェ運営などの生産活動をしています。それぞれの仕事では互いに学び合い、研究を続けていますし、また、外からの農業やチーズ作りを学びたいという研修生も受け入れています。そして、自分たちの生活はできるだけ自分たちの手でやっていく。

建物を建て、食物を作り、料理をして、掃除をし、接客し、配送し、お金を稼ぐ。こうして、自分たちの手でやっていくことによって、ゆっくりな人も仕事というか役割というのが出てくる。そうした生活の中での実践を通じて、多様な人間どうしで学び合う教育があるのです。

特に、有機農法の一つである「バイオダイナミック農法」（シュタイナー農法）を教えるところは日本では少ないのでユニークです。また、エコツーリズムとソーシャルファームの体験をする場にもなっています。

生活と生産に活かすメタサイエンス

初めて新得共働学舎を訪れた人たちは牧場特有の臭いがしない、ハエがいないと首をかしげます。実は、私たちの農場では牛舎、搾乳室、チーズ工場、住宅、牧草地などの地下に大量の炭を埋めています。この炭埋（たんまい）が電磁気現象（電磁場※が起こす現象）により環境バランスを望ましくしているのです。これは楢崎皐月（ならさきこうげつ）という人が提唱し始めた炭埋を改良したものです。

農場のチーズ熟成室や住居などはできるだけ鉄材を使わずに建設するようにしています。理由は第二章で説明しますが、チーズの味も人間の健康にも鉄材（金属）を避けることがとても効果的なのです。

農地では、バイオダイナミック農法という完全無農薬の方法で野菜や牧草などを生産しています。

水はエリクサー水というセラミックスなどを中心にしたフィルターを通したものを飲んでいます。

また、僕はＮＰＯ法人新月の木国際協会の副理事長を務めていますが、この会は新月に伐採した木材が、腐らず虫やカビもつかず、割れにくく、狂いにくいという優れた性質があることを広く知らせ普及させようという会です。林業の将来はここにあると思っています。

「シュタイナー農法」や「新月の木」では、月を始め天体の動きや地磁気の作用が私たちの体や大地や植物や農作物にさまざまな影響を与えている。それを上手く活用することで健康で豊かな成果を得ることができると考えてます。

僕は自由学園最高学部（一般の大学に相当）で原子物理学と森林生態学を学び、アメリカに留学してウィスコンシン大学では農学と自然科学を学んできました。そのためものごとを科学的に考える傾向があります。

特に電磁場が我々の体や心、そして自然に大きな影響を与えていると考えるようになり、実践してきたのです。こうした自然界における電磁場の働きをさまざまな局面での作用をクローズアップして考えるのは、まだ科学の世界で異端に見られがちです。しかし、僕は一般に思われているよりも生命に対する電磁場の影響は大きいと考えています。そこで、電磁場の影響などを重視する科学をメタサイエンス（科学より上位概念の科学）と呼び、『いのちが教えるメタサイエンス　炭・水・光そしてナチュラルチーズ』という本でくわしく解説させていただきました。

本書では、そのポイントを新得共働学舎を支えるものとして、一般の方向けに簡潔に述べています。というのも、メタサイエンスの原理は人間の生活や私たちの社会にも影響し、また共通する原理でもあるからです。

新得共働学舎での生活や農業はこのメタサイエンスを活かしながら営まれており、新得共働学舎の思想とも重なり支えているものだからです。

「今日することは自分で決める」

新得共働学舎でいちばん大切にしていることは自主性です。自分のことは自分で決めるということです。

私たちは、毎朝みんなそろって食堂で朝食を食べます。朝食後には、順番に「おれはこれをやる」と今日やることをみんなに連絡します。そして、仕事や生活活動に出かけます。

夕食後には、もう一度今日やったことを「おれはこれをやった」と報告します。朝、宣言したことを誰かがチェックするわけではありません。夕食後に今日は何をやったのかみんな報告するだけです。自分のペースで自分がやりたいことをするだけです。はじめて新得共働学舎に来た人は、「ここで何をしたらいい？」と訊いてきます。僕は「なんでも自分の好きなことをやれ」と言います。

むろん、生産の現場や食事の用意などをする担当など、やらなくてはならないことがあります。しかし、それも自分でみんなに宣言して、自分なりに実行していくだけです。当番の誰かが、みんなの仕事を確認し、今日誰が何をするのかみんなが知り共有するためのものなのです。

体の調子が悪ければ軽い仕事にしてもらうし、病院に行ったり、休んだりします。朝食に部屋から出てこないで引きこもっている人もいます。

実に適当。でも不思議とバランスが取れている。サッカーでバックスが戻るのが遅れたらフォワードだって臨機応変に守りに加わるようなものです。自分がこれをやったほうがいいなと思ってリカバリーに入ってくれる。それが不思議と自然にできてきているのですね。

もちろん、いろいろな障がいをもっている人たちが半分いますから、働き方はそれぞれに応じてです。

ゲームにはまり自分の部屋に引きこもって出てこない人もいます。「ゲームにはまるのは虚しいんじゃないのか」と声は掛けますけど、無理矢理引きずり出すこともない。天の岩戸のアマテラスではないけれど、出てくるのを待っているのです。

こんな集団運営は自然とそうなってしまったのです。最初の六人で新得に来て、それからいろんな人がやって来て一緒に暮らしてきた。そんな中で四年目くらいから自然とこのスタイルになっていったのです。いまでは、いろいろな人間が集まって素のままで共に働き自分を発揮するのはこういうやり方がいいのだと思っています。

どうしてユートピア（空想的などこにもない場所）みたいなやり方が維持されているのかというと、共鳴と共感という宇宙と人間に共通する原理にそったものだからだと思うのです。本書のテーマである「新しい生き方」は、これまでの約四〇年の集団での働き方と生活の中で生まれ実践されてきているのです。そして、新しい時代の組織のあり方でもあると思っています。

新得共働学舎に来たいと連絡をしてきた人は、基本的に誰でも受け入れることにしています。いまでも人が多くて、つぎつぎと建物を作り続けています。「また、来ていいよって受け入れちゃうの」という顔つきをされることも多い。でも、連絡してくる人は何か必要があって連絡してくるわけでしょう。だから、僕は、電話してきて「来たい」という人には、「おいで」と言うし、話を聞いてほしいという人には話を聞くようにしてます。

そもそも、新得共働学舎は、全国組織であるＮＰＯ共働学舎の一部でもあるし、一方で、新得の地で独立した農業組合法人であります。前述したように共働学舎は父・宮嶋眞一郎の構想のもとに設立され、それを実現しようとやってきました。理想の教育を掲げる自由学園で長年教師をしてきた父が共働学舎を始めようとした大きな動機は、自分なりに

「真の自由学園の教育」を実践しようということにありました。自由学園は私立学校であり、誰でも学べるとは言えません。いちばん教育を必要としている、障がいをもった子、ひきこもりや精神的な悩みを抱えた子、犯罪を起こしてしまった子。そうした子どもらこそ、最も教育を必要としているはずだということにあったと思います。

新得共働学舎は、そうした父の構想を実現する場なのです。ですから、必要とする人を誰でも受け入れるというのが基本方針になるわけです。

生産・生活環境も集団運営も波動理論で

新得共働学舎は、父・宮嶋眞一郎が最初に示した「共働学舎の構想」（250ページ）という理想の実践を目指し、僕なりの形で発展させて運営しています。父の構想では、「食べ物を作り、家を建て、工芸品を作り、一年中勤労生活を続け、家族のように寝食を共にして生活する」としています。

そうした生活を健全なものとするために、僕はよい環境で暮らし、おいしく体によい食物を食べていくことが大切だと考えています。そのときに、基礎となるのが僕なりに研究してきたメタサイエンスです。先に触れたように新得共働学舎には建物や農場、生活全般にメタサイエンスを取り入れています。

このメタサイエンスは、エネルギーの流れというものを中心に考えるサイエンスです。いのちが活気づく源には、エネルギーの流れがあり、それは物理学でいう電磁現象（電磁場）によるものなのです。

生命体には微弱な電気が流れています。命があり、電気が流れていものは腐りません。一方で、死んで電気が流れなくなると、途端に腐り始めます。死とは電気が流れなくなることなのです。そして、微生物から動物、植物まで、それが生きている現場で適正な電位を持つことができれば、良い生命活動（発酵）が起こります。逆に適正な電位を持てないということは腐敗や死へと進むということです。

つまり、生きていることは電気の流れ＝エネルギーが流れているということです。生命が活気づくということは、このエネルギーの流れが望ましい形で流れていることなのです。そして、このエネルギー（電磁波）は物理学的には波動の姿をとっています。

僕はこのメタサイエンスを、鉄をできるだけ使わない建築、炭埋、エリクサー水、、チーズ作り、バイオダイナミック農法、新月の木伐採などの形で実践し生活や生産に取り入れています。

さらに、新得共働学舎での運営や人間関係の基礎にも、エネルギーの流れと同様の波動の原理を置いています。

いくつかの異なった波動が合わさると共鳴しうねりが生じます。大きさの違う長さの音叉をいくつか同時に叩くと共鳴やうなりを確かめることができます。

人間でも同じように、いろいろ異なった人間が独自のその人らしさを発揮しあうと、その場に共鳴現象がおき、うねりのような、それまで現れなかったような大きな波動を生じることがあります。これを僕は「共鳴力」と呼びたい。

「共働学舎の構想」の中で、父も「多様である故に一致するときにこそ価値がある人間の生命」という言葉で、人間の多様性の大切さと共鳴現象が起きたときの素晴らしさを語っています。

「障がいとは個性である」という言い方があります。障がいがあったり競争社会で弱者とされる者は、実は個性の多様性の幅が大きいということです。人間は誰でもその人でしかない個性があります。そうした個性はそれぞれある波動を持っている。その波動を引っ込めるのではなく、素直に出し合い、受け入れると波動どうしが重なりあい、そして共鳴現象が自然と起きてきます。そこで、それまでなかったようなうなりのような新しく大きな波動が生まれてくるのです。

ですから、私たちは異物を排除しません。もともと異物として排除されがちな人たちが集まり、ここで暮らしているのですから。そうした個性がその自主性を保ったまま一緒にいることで共鳴が起こり、新しく大きな波動が生まれています。

新得共働学舎は、こうした波動と共鳴の原理を、農業と生活の具体的なツールとしてのメタサイエンスとして、組織運営の原理としても実践しているのです。

「新しい生き方」はどこでもできる

このように、私たちの暮らしは「新しい生き方」を生み出していました。ビジネス的＝経済的にも成立し、持続することが可能になってきています。いろいろ生きづらさを抱えていたとしても、「生きていてよかった」と思えることを目指し、そう思える瞬間をより多く持てるようになってきたと思っています。

それは自分のことは自分で決めるという「自主性」を基礎として、異物や異論を持つ他者を排除せず一緒に「共生」することで、「共鳴」現象を引き起こすという生き方であり集団運営でした。また、そうした異なる個性の共存する場で発生するさまざまな問題は、次の時代や段階で解決すべき課題であり、方向性を指し示すものなのです。

こんな私たちの実践してきた生き方は、世の中の他の場面でも使えると思います。会社を始めとする組織、その中の部署、チームなどのあり方や運営などにも当てはめることができると思うのです。

例えば、企業組織というのは、利益を生み出すことを目的にビジネスを行っています。ビジネスとは社会が必要とする「需要」を満たす活動であり、それゆえ利益を生むことができるのです。

では、その活動を支える組織はどうあるべきでしょう。かつては一糸乱れぬ団結による目的達成というスタイルが効率がよいとされてきました。いわゆるピラミッド型の軍隊式な階級のある組織です。確かに、生産力も技術も不足していて絶対的な貧困が支配している時代には、とにかく重厚長大の産業とインフラを整備することが合意されていました。また、伝統的に、家族や親族、地域社会が相互扶助の機能を果たしていました。

しかし、現在は先進技術がますます高度化する一方で、その恩恵をみんなで共有する仕組みが弱くなっています。さらにエネルギー多消費発散により環境が激変し、人間や生物の生存が脅かされています。これまでの社会のあり方や組織運営では解答が見つからないのです。どこに根本的な問題が存在するかすら見えていません。

こうした答えのない問題の時代に向かってビジネスを行っていくには、従来型の上で決定した目標を達成するための人の結びつきでは対応できなくなってきています。これまでの成功法則をなぞるだけのやり方では陳腐化し利益も上げられなくなります。ダイバーシティ（多様性）ということがしきりに求められています。共鳴を呼ぶフラクタル（自己相似的）な多元的で新しいサイエンスを取り入れた組織が求められています。

しかし、日本社会や日本の会社組織は十分に対応していません。本来、生命の世界も社会も適者生存が大法則となっています。技術発展を含めて環境が猛烈な速度で変化しているときには、これまでの優秀劣等などの序列は陳腐化します。目先の価値判断に引きずられていては試行錯誤の中で方向性を見失うばかりです。

こんなときだからこそ、根本的な生き方や組織のあり方を基礎に考えていかねばなりません。それは、幸福とは何か、ビジネスが応えるべき社会の需要とは何かということを見つけることです。そのためには異物や異色な人間の存在も共存する組織であることだと思います。自主性をベースにしているのなら不思議とまとまりが生まれ、また共鳴も生まれ、新たで大きなブーム（とどろき）が生まれると思います。

この「新しい生き方」は、会社や組織でも、社会全体でもあてはまる原理だと思うのです。本書では私たちの実践と成果をお伝えし、そのための環境整備や人間関係の構築方法も提案したく思っております。

第一章　共働：新得共働学舎の実践　〜「自労自活」の実現〜

新得共働学舎は北海道十勝平野の北西部の新得町にあります。標高480メートルの牛乳山の南側斜面に放牧地が広がり、その麓に僕たちの暮らす建物群が並んでいます。僕たちの毎日の生活とこれまでの足跡を紹介します。

新得共働学舎の一日

新得共働学舎の中心にあるのは食堂です。毎朝七時半、カンカンカンと朝食を知らせる鐘が鳴り響くと、食堂の一階にみんなが集まってきます。すでに早朝から牛の餌やりや搾乳をしていたり、ようやく起きて二階の部屋から下りてきたりします。

サリドマイド被害で、両腕がまったくないイチカワは以前朝四時には起きて牛舎の掃除を終えていました。牛舎から牛を追い出して、スクレイパーという農具の柄を足と体を使ってあごにはさみ、おなかでそれを押してゆきます。そうやって通路にある牛糞を一か所に集めるのです。一か所に集めておけば、他の人間がタイヤショベルという運搬機械でまとめあげてすくいあげ、いっぺんに運び出せるからです。イチカワはみんなが起きてくる前に、それをすませてしまいました。というもの、両腕のない彼は体のバランスを保つのが難しく、機械の動くそばでそれをやるのは危ない。機械の運転手も気をつかう。そのことを彼もわかっていて先に済ませ、みんなが出てくるころには食堂でコーヒーを飲めるように準備をしておくのです。

こうしてイチカワが新得共働学舎にやってきて、早起きして作業をするものだから、み

新得共働学舎の食堂

んなぐずぐずしていられなくなった。それまでは「みんなそろって朝食にしようよ」と言っても、なかなかそろわなかったのが、自然とそろうようになった。

さて、朝食にはここでで作ったチーズや野菜、パン、牛乳が並んでいます。

食後に一段落したところで、順番に「これは今日これをやる」と宣言します。そして、みんな自分の持ち場や自分の居場所に散って行きます。

中には、引きこもっていたり、ゲームにハマって自分の部屋から出てこない者もいます。とりあえず、それもそのまま。そういう者は、あとでノソノソと食堂に下りてきて、コソコソと食事をしている。自分のしたいようにしていい。自分のやりたいように生活するのが新得共働学舎なのです。

「今日は何をしますか？」という問いは「あなたはどう生きますか？」ということです。生きるというのは、だれかに言われて生きるのではない。自分の心や体の内側から、生きようと思うままに生きるのがほんとうのあり方だからです。「内発的に生きる」ということ。それを、毎朝、みんなの前で確認しているのです。

むろん、農場や生活を維持するためにやらねばならないことがあります。仕事のタイムスケジュールや季節や出荷時期に合わせて仕事もあるし、それぞれの持ち場の担当者もいます。だれかの仕事が忙しかったりすれば、「オレがやる」とカバーしあっています。そういうことが自然とできているのです。

新得共働学舎の春夏秋冬

十勝平野の西に位置する新得の冬はマイナス30度になることもしばしばです。山に近いので雪も1メートル位は積もります。冬は畑仕事はできませんが、牛乳を絞りチーズを作りや、養鶏、養豚は年間を通しての仕事です。

他に織物や工芸をしたり、カフェ「ミンタル」の店番をしたりしています。冬は観光客が少なく、一人でやってきて長い時間冬景色をながめている人もいます。ちなみに、山のチーズコンテストでグランプリとなった「さくら」は真冬の1月から作り始めるチーズです。

北海道に春が近づく3月にはビニールハウスでは種まきが始まります。4月なると一気に春がやってくるので、畑の土を起こし、苗を定植します。また牧草の種まきもします。5月からは牛の放牧も始まります。新得共働学舎では、質のよい牛乳を生産するため、ブラウンスイス種を中心とした乳牛や肉牛を放牧して育てています。また、ゴールデンウィークには大勢の観光客が訪れ、食事をしたりチーズなどを買ってくれます。

夏は北海道の観光シーズンのピークです。連日、「ミンタル」は大忙しです。「手作り体験」でチーズやバター作りを体験する方も大勢来ます。畑作も6月から収穫が続き、契約した消費者に「四季の味わい便」というセットを年3回届けています。

秋の北海道は燃えるような紅葉に包まれます。この季節になると豚に食べさせるドングリを集めます。ドングリを食べさせて育てるスペインのイベリコ豚に負けない味を目指しているのです。

このように春夏秋冬の四季とともに私たちの暮らしは回っていますが、毎年のように、メンバーも少しずつ変わっていますし、農場や事業の規模も大きくなってきています。

新得共働学舎の施設

新得共働学舎の概要について、もう少し説明しましょう。新得町は北海道のど真ん中にあります。西は北海道の背骨に当たる日高山脈、北は雄々しい東大雪の山々に抱かれ、東南部は十勝平野が広がっています。畑作と畜産の町です。帯広や釧路と札幌を結ぶ石勝線の十勝側最初の駅があります。

新得共働学舎は、新得山（455メートル）に連なる通称「牛乳山」（480メートル）の中腹から裾野にかけて森に囲まれた南斜面にあります。新得駅や町の中心からは2キロくらいの距離です。

新得共働学舎の建物が集まっている場所にあるのは、カフェと売店の「ミンタル」です。12月〜3月の冬季は日曜休ですが、ほかのシーズンは無休です。ここでは、農場で生産してるチーズ、自家製酵母パン、牧場で採れたミルクやソフトクリーム、クッキー、自家焙煎のコーヒーなどを提供しています。

牧場は牛乳山の中腹からすそ野にかけて広がる

「ミンタル」の脇には「カリンパニ」という建物が建っています。ここは、講演会やチーズやバター作り体験、工芸、絵画教室などに使う施設です。

その裏手に、「牛舎・搾乳室（パーラー）」「チーズ工房」「チーズ熟成庫」が並んでいます。「搾乳室」で母牛から搾られたミルクは、そのまま隣の「チーズ工房」へパイプを通じて流れてゆきます。これは、僕のチーズ作りの師匠であるフランスのユベール爺さんの「牛乳を運ぶな！」という〝チーズづくりで一番大切なこと〟の教訓に従ったものです。この搾乳室とチーズ工房は23メートルしか離れていません。建設時に、保健所から50メールと離すように」と言われたのです。「悪臭・ハエ・汚水管理ができないだろう。この3つの課題をクリアしなければ許可できない」というのです。しかし、それではユベール爺さんの教える本物チーズはできません。「炭と微生物でクリアします」と言うと、「だれか他にやっているのか」「やっていません」。

すると保健所長がそこで言ってくれたのは「じゃあやってみてください」でした。保健所は、地域の精神障がいを持った人たちの管理者でもあります。彼らを抱えて苦労している共働学舎を応援してくれていました。彼自身がリスクを負ってくれたのです。

そして、うまく衛生管理できるようにして、後にはＨＡＣＣＰ（ハサップ）という食品衛生の厳しい基準もクリアしています。

また、熟成庫は、札幌軟石という火山灰が固結した凝灰岩を積んで建てられています。凝灰岩は常磁性が高くマイナスイオン効果と遠赤外線効果を促進します。、ここには、鉄筋は使われていません。なぜ、凝灰岩で鉄ではないのかは、メタサイエンスの原理から導き出したものでした。くわしくは後ほど説明しましょう。

これらの酪農関係の施設と広い道を挟んで、新得共働学舎の中心である食堂、男子寮、女子寮、家族が住む建物などが並んでいます。

食堂は六角形の木造二階建てで、南側に張り出し窓ガラスの前はテラスになっています。陽の光が豊富に射し込むようになっています。食堂2階は、吹き抜けを囲むように男子の居室が並んでいます。

さらに奥には、例えばメンバーが建てた居住棟や鶏舎、豚舎、羊小屋などもあります。現在（2016年末）、新得共働学舎の使用面積は120町歩（約120ヘクタール）あります。隣接地を購入しましたし、周辺で離農する家が多くて、使ってくれというのでどんどん広がっています。

自由学園の理想の教育＝「自労自活」バージョン1.0（第1段階）

ここで少し、僕が新得へ来るまでと共働学舎の歩みを説明しておきます。僕は自由学園の教師だった宮嶋眞一郎の長男として1951年（昭和26）に生まれました。

自由学園は、大正デモクラシーを背景に理想教育を目指して、クリスチャンの羽仁吉一・もと子夫妻によって東京・目白に女学校として1921（大正10）年に創立されました。二人は当時の報知新聞社で働き、退社後、現在の雑誌『婦人之友』の前身、『家庭之友』を創刊したジャーナリストでした。目白の校舎・自由学園明日館は、米国の建築家フ

自由学園発祥の地である目白に建つ明日館

ランク・ロイド・ライト氏の設計で有名です。その後、東京郊外の久留米村（現東久留米市）に校舎を新築する一方、小学校に当たる初等部、中学校・高校に当たる女子部と男子部、幼稚園に当たる幼児生活団、大学に当たる最高学部を設立しています。

自由学園の教育理念は「思想しつつ生活しつつ祈りつつ」と「生活即教育」という言葉で表されます。教室の中の学科だけではなく、実生活の全てが教育であるという考えです。

そして、「自労自治」として「自分たちの生活は自分たちで面倒をみる」ことを大切にしています。修学旅行や登山があれば、それを自分たちで取り仕切り、生徒間でトラブルが起これば、教師と連絡をとりながら解決していく。現代の管理教育とは対極にある自治の精神を学び、組織をどうまとめていくかを体験させられるわけです。

父は自由学園男子部（中学・高校）の第一期生として入学し卒業後はそのまま教師となっています。

父は学生のころからヒーローだったようです。勉強も英語も運動も指導力も抜群で、下級生からも「ミヤシン」と呼ばれて、信頼を寄せられていた。体操が得意で花形だったらしい。当時の写真を見ると確かにかっこいい。

教師時代も学園内で一種のカリスマ的存在だったようで、父が自由学園で培った信望と人気は、やがて共働学舎を立ち上げ、運営する際の厚いいしずえとなってゆきます。僕は良くも悪くもこの父の圧倒的な影響下で育てられた。

僕や兄弟姉妹たちも自由学園に学びました。

僕は四人兄弟の長男で、名前の「望」はミスター羽仁（羽仁吉一）が聖書の「それ信仰は望むところを確信し、見ぬものを真実とするなり」からつけてくれました。同じく弟は「信」と名づけられています。僕は生まれたときから自由学園の中にいるようなものでした。

宮嶋眞一郎「共働学舎の構想」＝「自労自活」バージョン2.0（第2段階）

ミスター自由学園ともいうべき父が教師を辞めると言い出したのは、僕が大学一年のときでした。父は家族を集めて「自由学園では自分の思う教育ができない。辞表を書いた」と告げたのです。

理事でもあった父は「本当の教育をするには、こんな都会ではだめだ。大自然の中でやるべきだ」などと主張していたらしい。父の急進的な理想主義が、現実に学校を経営する理事会には受け入れられず、父は理事職からも外されていたのです。

辞職の背景には、父の目が網膜色素変性症という遺伝病で、だんだん見えなくなってきたこともあったと思います。辞める直前は、黒板に字を書いていても字がほとんど見えないぐらいになっていました。「自分は目が見えないし、自分の理想とする教育がこのキャンパスではできない」。そう話していました。

また、自由学園は私立学校であり入試もあり学費も公立よりも高い。父は私立学校の教師を三十年間続ける中で、いちばん教育を必要としている、子どもたちに手が届いていないという思いがあったのではないかと思います。

障がいをもった子、ひきこもりや精神的な悩みを抱えた子、犯罪を起こしてしまった子。学園に入ってくることができないそういった子どもらこそ（後出）、最も教育を必要としているはずだ。そう思っていたに違いない。

彼らの将来の伸びしろに希望を託すのではなく、「いま現在持っている力でどう生きられるか」、「どうしたら自力で生きられるか」を問題にすべきではないか、と考えました。周りと比べると劣っている面が多いかもしれないけれども、自分の力の可能性に気づいたり、いま持っているその力で生きられる場を作りたいと考えたのです。そこで、共に汗を流して働く学舎（まなびや）という意味で「共働学舎」を作りました。

残された人生を、自分なりに求める「真の理想教育」の実現させようと思ったのでしょう。

父は学園をやめ保険の外交で家族の生活費を稼ぎながら、共働学舎を設立する準備を始めました。「共働学舎の構想」を発表し、同時に数年間かけて支援してくれる人の組織作りを進めました。

自由学園と関係の深い雑誌『婦人之友』には「友の会」という組織があって全国にネットワークを持っています。この友の会の協力により、そのネットワークで父が構想の実現への支援を呼びかけることができたのです。

こうして、1974年（昭和51）に、長野県・小谷村で信州共働学舎が開設されました。小谷村というのは、僕の祖父の実家があり、そこに僕も中1のときに自由学園の生徒と一緒に建てた山小屋があったのです。そこを最初の拠点としようとしました。

新得共働学舎の思想の基盤ともなっている、「共働学舎の構想」には、「競争社会ではなく協力社会を」「手作りの生活を」「福祉事業への願い」「真の平和社会を求めて」と4つのポイントが掲げられています。そして、「共働学舎は、この願いと祈りをもって始められた、独立自活を目指す教育社会、福祉集団、農業家族です。」とまとめられています。

（共働学舎の構想・別掲）

父との葛藤とアメリカ留学

父・宮嶋眞一郎が「ミスター自由学園」だったとすれば、僕は「自由学園の申し子」のようなものでした。しかし、一方で僕は子どものころから活発すぎる悪ガキで何かと父と衝突してきました。

父は信仰心が厚く、正義感が強かった。それは学校でも家庭でも変わらなかった。確かに父の言っていることは立派で正しいのです。「人がこの世に生まれ生きていくのは自分のためではなく、他を愛し、ともに生きるためだ」「本当に平和な社会を作るために、誰もが必要な存在として作られているんだ」と。

しかし、幼い子どもとしては、正論ばかりだとどうにも息苦しいものです。それで悪さをするたびに、「お前は違う」と言われどうにも立場はない。僕がいつも自由を欲し、内面の自由も含め人の自由も最大限尊重しようとするのは、この幼少時からの鬱屈した思いの反動かもしれません。

高校のときに、３回も見にいった映画があります。エリア・カザン監督『エデンの東』です。創世記におけるカインとアベルの兄弟の物語をモチーフにしたストーリーです。父に愛される兄と疎んじられる弟。僕は父を愛しながらも反目してしまう弟のキャル役ジェームズ・ディーンと自分を重ねて見ていた。

僕はどこかですねていました。自分だけ疎外されているように感じていた。弟が愛され、自分は嫌われていると。家族の関係は見る人間によってまったく違うものになります。本当はそんな事実はなかったのだろうと思います。でも、その父への複雑な思いは、今でも心のどこかにわだかまっているのです。

父が自由学園をやめ共働学舎を実現する段階になると、その理想に共感し弟や従兄弟や同級生たちは次々と学園をやめ父に合流しました。父の掲げた「共働学舎の構想」は、僕の心にも強く響き共感しました。これを実践するために生きるというのは価値のあることだと思ったのです。

ちょうど僕は大学卒業のタイミングでした。実は僕の父方祖父は住友海上火災の創立メンバーでした。僕の同級生の父親に祖父に世話になったという人がいたこともあり、同社から内定をもらっていたのです。父としては、共働学舎の立ち上げで寄付金だけでは足りない。そこで息子を一流企業に就職させて、とまずは計算していたらしい。

そのとき、米国での酪農実習を終えて帰ってきた知人が、「いい牧場がある。そこのボスはウィスコンシン大学を出ているから、信頼関係ができたら紹介してくれるぞ」と教えてくれたのです。酪農実習だけなら、さほどそそられなかっただろう。しかし、大学に入れるかもしれないという話は魅力的に聞こえました。僕は30分で決め、「よし、わかった。行く」。

この決断をした背景には、父への複雑な思いがありました。〝純粋培養〟されてきた自分は自由学園しか知らない。このまま共働学舎の一員となって、父の圧倒的な影響下に入

アメリカでの留学時代

っていってよいのだろうか。自由学園の名前も聞かない、父親の顔も名前も何も知らない所に行って、自分がこれまで身につけた力がどれだけ世間で通用するか確かめてみたかったのです。

また、父の計画の中には、心を閉ざした子どもが、もしかしたら動物と接することで心を開くかもしれないという着想がありました。よし、じゃあそれは僕がやろうと思いました。そのためにも、酪農を本格的に学ぶというのはプラスになると考えたのです。そういう理屈で父から4年間という期限付きで渡米の許可を取りつけたのでした。

アメリカでは最初の2年間は牧場に住み

込みで働きました。

農場主が往きの交通費を最初に出してくれ、あとは住み込みで働いて農業研修の賃金が払われるというプライベートのプログラムです。

全てよい勉強になりました。牧場は家族経営ですが、約900エーカー（約360町歩）。当時の十勝の牧場の20倍ぐらいの広さです。しかしボスは、「うちはアメリカでは小さい。だから付加価値をつけなければやっていけないんだ」と言いました。牛のブリーディング（繁殖）で、良い牛の血統をかけ合わせた仔牛として生産し付加価値をつけて出荷するという、うまいビジネスをしていました。しかし360町歩で小さいという発想には驚きました。日本とはとにかく桁が違うな、と実感しました。そこからさらにウィスコンシン大学の畜産学部に編入学して2年間学び、B.S.（農学士）を取って1978年に帰ってきました。

アメリカに旅立つに際して京子と婚約し、また浅野順一牧師から洗礼を受けました。大学に入るときに京子もアメリカにやって来て、ちょうど杏奈（あんな）が生まれ大学の寮で親子3人で暮らしました。

アメリカは食糧を世界戦略で考えている

帰ってくるとき、腹に決めたことがありました。これはいまだから大っぴらに言えることなのですが、「絶対にアメリカの真似はしない」ということ。アメリカをお手本として規模拡大を目指してきた北海道では、特に当時の十勝では絶対に言えないセリフでした。

そう思うにいたったきっかけがあります。ウィスコンシン大学はアメリカの酪農分野ではトップの大学とされていますが、農業経済のある教授がいました。学生に人気がなく、僕も嫌いな教授でした。しかし学生による教授の評価制度もありましたから、そういう教授は逆に学生をさかんに持ち上げるものです。ある講義でこんなことを言いました。「君たちの肩にはアメリカの威信がかかっている」。そして、「君たちの生み出す農産物はアメリカの重要なアームズ（兵器）だ」と。

農産物は、国際政治上の重要な戦略物資という意味です。だから大型化、機械による効率化が不可欠で、安価な農産物を大量に生産して輸出を広げ、世界の食糧マーケットをコントロールする。それが君たちのミッションなのだ。

まぁそういうものか、と思いましたが、次の瞬間、日本人学生がいると知っているのに彼はこう言ってのけたんです。「太平洋の端にオイルに浮かんでいる船を見てみろ」。おっ？　日本のことか。極東の工業国、島国日本です。そしてこう来ました。「極東のこの小さな船はいま元気が良い。これが勝手に動いては困る。その行き先をリードするのは、フィーズ（飼料）である」と。一瞬、日本人を家畜扱いするのかと腹が立ちましたが、彼は実際に飼料のことを言ったのでした。日本の家畜を左右する飼料を我々がコントロールすればよいのだ、というわけです。

70年代後半からあったアメリカのこの戦略はいま、ご承知のように着実に成果を上げています。彼らが一生懸命仕込んでいたことが、40パーセントに満たないといわれる日本の食糧自給率の低さに表れている。自給率を大きく引き下げている要因は、フィーズ（飼料）になる輸入穀物にあるからです。10年ほど前に調べてみたことがありましたが、当時2600万トンの穀物が輸入されていました。そのうち1600万トン弱が飼料でした。いまではそれがもう2000万トンに近づいているといいますが、減反政策で生産がおさえられていた米の量が800万トンですから、いかにたいへんな量であることか。アメリカは国家戦略として、日本の家畜、つまり日本の食を着実にコントロールしてきたわけです。

思い出してみると僕らが小・中学生のころ、給食に米は出ませんでした。僕の学校では2週間に一度くらいカレーライスが出たのですが、そのときは家から米を持っていって、お母さんたちが学校に来てカレーを作りました。つまり給食はパン食ということになっていたので、学校の経理伝票にはお米を買ったことが残らないようにしていたのです。

アメリカのこの戦略が行き着くのは、遺伝子組換えによる食糧制覇です。ウィスコンシン大学でも当時から研究が進められていました。アメリカ人の教授のもとで、手先が器用で優秀な日本人スタッフたちが活躍して実験を繰り返していたのを覚えています。そのうちのひとりとは友だちになりましたが、彼はいま、まだその研究をしています。ただし目的の向きが逆で、どうやって遺伝子組み換え作物が日本の市場に入り込んでくるのを防ぐか、という研究をしていると言っていました。

新得へやって来た

ウィスコンシン大学を卒業するとき、アメリカの穀物メジャー3社から高額の報酬で就職の誘いがきました。教授の話していた食糧を武器にしたアメリカの戦略は本当だったと改めて思いました。

そのころ、共働学舎は長野県小谷村で創設して4年たち、全国に拠点を広げていこうとしていました。その候補地のひとつが新得町で、僕がアメリカから帰って入植するタイミングと重なりました。僕は父との間に葛藤を抱えていましたが、一方で共働学舎の理念には共感していました。父の構想した理想を別の登り口から登ろう。共働学舎の名前は掲げながら、自分なりの牧場を作る。新得行きはそこにぴたりとはまりました。それに、4年前に就職を蹴って日本を飛び出して以来の後ろめたい気持にケリがつき、アメリカで畜産を学んだこととも辻褄も合います。京子も賛成してくれました。

新得に僕たち共働学舎のメンバーが入植したのは、1978年（昭和53）6月。僕は26歳でした。留学していたアメリカのウィスコンシン大学畜産学部を卒業した僕、妻・京子と生まれたばかりの長女・杏奈、そしてヒロヤ（15）、ダテオ（19）、自由学園の後輩で、アメリカで一緒にヴェーゲリー牧場で働いていた西川浩司の6人。それにいや、京子のおなかの中には次の子が世に出るのを待っていました。

新得町は、共働学舎が北海道で土地を探しているということを耳にした学舎や自由学園の支援者らが人脈を生かして探した結果、いくつかの地区から申し出があった一つです。実は土地の条件としては最も悪いものでした。

父によると、新得町は、町長が福祉課の課長を始め職員を長野の共働学舎に派遣して、そこで3日間ほど山中の野良仕事や手仕事を体験させ、共働学舎がどんなところかを実地研修させたそうです。その町長の覚悟が父の心を動かしたのでした。

新得町が所有する放牧場となっていた土地30町歩を期限付きで無償貸与してくれるということになったのです。

米国から帰るや中古のハイエースに荷物を積み、一家で新得へ向け北へ陸路を走破しました。まずは到着して、父からアメリカに送られてきた写真で見ていた草地へ上がってみました。あれ？　こんなに急なのか！　斜度が20度もある山の土地でした。歩いているうちに息が切れます。写真の印象とは全然違っている。傾斜を上から写真に撮ると、なだらかに見えてしまうせいでした。

実際いまでも、雨が降る中で下手に運転すると、ずるずる落っこちていくようなところです。牧草上げをするとき、ロールの角度をちょっとまちがって置くと、ごろんごろんと下に転げ落ちていきます。

でも、景色はいいいし、南斜面で気分のいい場所だ。お酒とお塩をまいて「これからよろしく」と土地にあいさつしました。しかし、傾斜が急で不利なこの条件が、あとあと僕らにすばらしいチャンスをもたらしてくれることになります。

最初は悪戦苦闘の連続

新得での初めは牛舎や住宅はおろか、水道も電気もない状態。事業を始めるなどという意識はなく、いかに生きのびればいいかばかりを考える毎日でした。

とりあえず、用意してくれていた町営住宅2つに入った。家賃はそれぞれ月3000円。共働学舎から支給される給料は夫婦二人で8万円、子ども手当が年間10万円。そのほかに牧場づくりに必要な資金は共働学舎に集まった寄付の中から送ってもらっていました。でも、寄付で食べていくのは性に合わない。だから、早く自力で生活できるよう必死でした。

ちょうど、十勝で大きなダムが完成し、その工事現場で不要になったプレハブがあるという。それをもらって、自分たちの手で解体して組み上げていきました。住宅2棟、事務室1棟、車庫を持ってきた。事務室は牛舎にして車庫は牧草の乾燥室にしました。

クリスマスイブの前日に、新しいプレハブの家に引っ越し。内装などまったくなかったが、とりあえず生活できるように電気も引いてもらっていました。コンクリートの水槽を

入植した当初は苦闘の連続だった

造って、そこに沢水を貯めて水道にしました。冬になると零下32度まで下がって、水道の黒いパイプがよく凍ったのには難渋しました。結局、お陽さまにたよるのが一番。雪の上にパイプを引き出して太陽に1時間も当てておいて思いっきり振ると詰まっていた氷が飛び出していく。こんなふうに天体と太陽光＝電磁波の凄さを教えられていたのです。

牛は、5頭買って1頭もらって6頭から牧場はスタートしました。ホルスタインだから、今までウィスコンシンで扱っていたブラウンスイスと多少違う。でも牛は牛です。経験者の西川がいるから、そっちのほうはまだ気が楽だった。

食うために野菜をつくって売る。搾乳も始めましたが、牛乳の貯蔵・冷却タンクの「バルククーラー」もないし、農協の正会員でないので出荷枠に入れてもらえない。それで、無駄にしたくない一心で素人なりにバターやチーズを作り始めたわけです。

よく「どれくらい大変でしたか？」と訊かれると、僕は昔のテレビドラマ「北の国から」で田中邦衛が演じた黒板五郎よりちょっときつかったと言ってます。

五郎さんは新得町の近くの富良野で、一人で家を建てたりしてサバイバル生活を送った。彼は働いてお酒と材木を買うお金を稼ぐことができた。僕は牧場を作らなければならないので外で金を稼げない。東京からの仕送りの範囲内で生き延びなければならなかった。

5、6年の辛抱だと思って建てたプレハブの住宅に、結局21年間、住むことになります。割れたガラス窓は21年間、直せなかった。

よそ者の入植のご多分にもれず、僕らは当初、周りから白い目で見られました。「どこの宗教団体だ」「障がい者をあごで使って金儲けをしようとしているんじゃないか」「だんなのほうはアメリカ帰りで大学を二つ出たらしい。そのうち絶対逃げてくさ」と陰口をたたかれたようです。共同作業に加えてもらうなどして、次第に認めてもらい、周りから受け入れてもらうのに3年ばかりかかりました。

仲良くなったお隣さんの応援もあって、入植3年目の1981年、牛乳14トンの出荷枠をもらい、正式に牛乳出荷を始めることができるようになりました。一方で、折から牛乳の消費量が伸び悩み、生産調整のため酪農家が牛乳を廃棄している現実がありました。「なぜ新参者に自分たちの出荷枠を分けてやらなくてはいけないんだ」。地元の酪農振興会臨時総会で異論が噴き出たときに、「なに、ケチなことを言ってる。若いやつらが酪農をやりたいと言っているんだ。たいして影響ないだろう」。そう援護してくれたのが、二人のお隣さんでした。結局、その年度の最後には、42トンの生乳を出荷できました。

チーズを作り始める

1978年にアメリカから帰国するときに考えたことにもどります。個人としては、アメリカ人は今も好きです。牧場の家族もすごく良くしてくれたし、まだ仲良くつきあっています。おかげでいまもいろいろな情報を流してくれます。アメリカの現状が聞こえてきています。でも、あくまで規模と効率を求めるアメリカのような量産体制には、日本の針路は合いません。

あらためて十勝の酪農を見渡したとき、愕然（がくぜん）としました。米国と同じ色の牛、同じ色のトラクター、マンサード屋根の牛舎、同じ形態の飼養管理。米国の十年遅れの技術を一生懸命コピーしている。一方で、十分の一以下の粗飼料圃場（ほじょう）面積、生産コスト・生活コストの高さ。そこへ、米国による食糧自由化の圧力。これでは競争できるわけがない。では、どうしたら自立できる酪農を作れるのか。家や牛舎、水道の工事をしながら考えていました。牛乳を出荷しても、それだけでは生活できないことは、入植して2、3年で判明しました。苦しいのはほかの酪農家も同じですが、どうすればいいか。米国のように大型化はできないし、やるつもりもない。

当時、十勝でアドバイスしてくれていた酪農家は1家族と研修生で60頭ほどの牛を飼い十勝でも一番乳を搾っていました。それを目安に考えると僕の家族と何人かのメンバーが一緒に暮らせればいいかなと最初は思っていた。ところが、牛の数が増えるよりも人間の数が増えるほうがほうが早い。この場所を必要としている人から「行っていいですか」と言われたら、「いいですよ」と言うしかない。

懸命に生産を増やそうとしたのですが、牛の数より人間の数が増えるほうが早く、悩みを抱えて入ってくる人がどんどん増えてきたのです。

そこで付加価値をつけたものを売っていこうと考えました。当時、多くの酪農家がやっていたのが低温殺菌牛乳の瓶詰、アイスクリーム、ヨーグルトなどの商品です。少ない投資でお金の返りは早い。リスクが少ないので、みんな投資していました。

そのときこう考えました。この手の商品には必ず流行がある。だいたい3年サイクルだろう。学舎のメンバーは超スローペース。人が一年で習得できることが5年や10年はかかる。5年間頑張って一人前になったと思ったら「もう、そんなもの流行遅れだよ」。そう言われた本人は、その後の人生で二度と頑張ろうとは思わない。

だから、彼らと一緒にやるには、サイクルが早いものには手を出せない。では、いちばん時間がかかって、みんなが手を出さず、流行にかかわりないものは何か。大きなハード系のナチュラルチーズ（※）です。ハード系のチーズは、一年間みがきながら寝かせておく必要があるんです。それで失敗したら大損です。すごくリスクが高いから、ほかの工房は手を出していません。僕らは将来性をにらみながら、じっくり時間をかけてナチュラルチーズ作りを始めたわけです。

※ナチュラルチーズの中には、モッツレラ、フレッシュチーズ、クリームチーズのような発酵熟成期間がないものとハード系の熟成期間が必要なタイプがあります。共働

学舎新得農場ではさまざまな種類のチーズを作っていますが、主力製品は熟成期間が必要なハードタイプです。

さらに、大メーカーの工場で生産されるチーズに対抗して買ってもらえるには、僕たちは本物を目指すしかない。「本物」って何だ？　というと、伝統に根ざしたオリジナリティがあるものということになります。つまり、日本独自の豊かな自然に支えられた食文化に根ざしたものということになります。

よく考えると、日本には伝統的な発酵食文化があります。日本の風土には、たくさんの微生物が生きている。湿度が豊かな環境ですから、欧米よりも何十倍、何百倍と微生物の種類と量が多いのです。そんな条件を何百年にもわたって食文化に活かしている日本の風土はものすごく重要だと思います。ですから、僕は自分の進む方向を「世界に通じる高い品質を持つ発酵食品を独自に作っていくこと」に定めました。

チーズでも可能な限り人為的なことを減らして、自然の仕組みに寄り添う製法をとれば「本物が生まれ売れる」のではないかと思い、それは確信へとなってゆきました。いまも共働学舎新得農場のチーズには〈目指したのは「本物」の味でした。〉というキャッチコピーが入っています。

学舎で見ようみまねでつくったバターやチーズは、４年目あたりから帯広のレストランが使ってくれるようになります。そのきっかけは、２年目に地元の中学を卒業して入ってきた、脳動静脈奇形を持つエイジでした。脳内出血しやすく、脳圧が上がると危険だと言われていたのです。だが、本人は働きたいと言う。それで学舎に来たんです。右手、右足が不自由だが、いつも明るく笑っていた。

半年たったころだろうか。仕事中に気がつくと、トラックの助手席にグタッとして寝ている。急いで近くの診療所に運んだが、対処できないと言うので、そのまま救急車で帯広の担当医のいる病院へ走ることになりました。病院にはちょうど担当医がいて、緊急手術をして一命は取り留めたんです。が、意識が戻らない。二十四時間体制で２日、３日とたつうちに家族も疲れてきた。学舎の若い男女のメンバー２人に病院詰めを頼むと快く引き受けてくれ１か月後にようやく意識が戻りました。

もう家族だけで大丈夫だという段階で、ご苦労さん会をしようということになり、二人に「何がいいか」と尋ねると「うまいものが食いたい」と言います。当時お世話になっていたある病院の事務局長に、いちばんうまいレストランを尋ねると、即座に帯広の「ワインケラー」と答えます。初めての高級レストランにうす汚い格好の３人が入っていったわけです。メニューを見ると、「チーズの盛り合わせ」とあるではないですか。僕らはチーズの盛り合わせを注文した。そのときに出てきたひげのマスターが、後々、チーズの味に関するご意見番としてお世話になる宇佐美明男さんでした。

「君たちはなんだ、こんな格好で来て。チーズをわかっているのか?」

「いやぁ、自分でチーズを作ってみてはいるんですが、一度本物のチーズを食べてみたかったんです」

「そうか。じゃあこんんど、できたものを持っておいで」

そのときどんなチーズを食べたのかは忘れたが、うまかったことだけは覚えています。自分たちが作っている、せっけんのようなゴーダチーズとはまるで違うものでした。

エイジは半年後に退院して牧場に戻ってきたのですが、その3ヶ月後に亡くなりました。17歳でした。本物のチーズに出会えたのはエイジのおかげでした。エイジが僕らを本物の味に導いてくれたのです。

ちょうど、そんなとき思わぬことが起きました。それは学舎2年目にエイジと一緒にやってきたトモヒロの〝善行〟からでした。地元中学校の特殊学級にいた彼は、典型的な自閉症児という紹介でした。両親は知的障がい者のための会を地元で切り盛りするなど、懸命に息子の将来を考えていたのです。共働学舎はいわゆる施設ではなく、ハンディを抱えながら牧場の仕事ができると知って、自宅から農場に通わせることにしていました。

彼は毎日、仕事をした分の給料として受け取った500円玉を貯金していたんです。そして、一年たった夏のある日、自宅でテレビを見ていたトモヒロは、重そうな貯金箱を手にして両親に「帯広に連れていけ」と言いだす。何を買いたいのだろう。車で帯広に向かうと、今度は「放送局へ行け」と言う。

チャリティー番組の24時間テレビ「愛は地球を救う」の会場でした。そこで、1年間でためた分を合わせて貯金箱ごと寄付してしまったのです。ご両親はびっくりしたし、話を聞いた僕らも仰天しました。ずっとテレビを見ていて、みんな寄付しているから自分も寄付するものだと思ったのでしょうか。真意は誰もわかりません。

この話が、共働学舎を新得町に誘致した佐々木忠利町長に届きました。町長は僕を呼んで「農場で何か必要なものはないかな?」と尋ねたんです。僕は即座に「屋根をくださ い」と答えた。メンバーが増えて住む部屋がない。市街化区域から外れているので、町営住宅は造れない。屋根さえあれば、あとは自分たちで住めるようにするつもりでした。すると町長は「君たちはチーズを作っているようだね。チーズを一村一品の産物として開発できないか?」と尋ねます。もちろん「できます」と答えました。

こうして、トモヒロの〝善行〟から1983年(昭和58)に「新得町特産物加工研究センター」が敷地内に建ち、運営管理は共働学舎に任せられることになりました。これで僕らはチーズを本格的に生産し出荷できるようになったのです。

ユベールじいさんとの出会い

チーズ作りを軌道に乗せるには、10年、20年先を見据えた戦略が必要です。飲用牛乳の消費がこの先伸びないのは、欧米の状況を見れば明らかでした。乳文化が進めば進むほど、消費の対象は牛乳からチーズに進む。現在、生乳のうちチーズに消費されているのは、ヨーロッパで8割以上、米国でも7割近くに上るのです。

10年後に必ず売れるものは何か、それを考えると、答えは「本物」でした。では、本物とは何か。何が偽物かを考えれば、答えは出てくる。合成着色料。養殖もの。遺伝子改良品種。つまり、機械化、工業化、効率化の結果できたものが偽物とみなされる。逆に考えると、本物とは、「天然の自然からいただける恵みのもの」を指していることになります。

チーズにおける本物とはなんだろう? それは、ヨーロッパで200年以上続いている伝統的な手づくりチーズのことです。

本物のチーズづくりを学ぶチャンスは、間もなくやってきました。十勝の農業の将来を探る視察を目的とした国際交流関係のプログラムがあり、1989年にヨーロッパへ行くことになったのです。そのときのテーマが「ナチュラルチーズ」「有機農業」「グリーンツーリズム」でした。当時、そんなテーマは食糧基地・十勝には関係ないと言われたが、今では地域でも大きなテーマとなっています。この3つはいずれも新得共働学舎で実践されています。

このときフランスで出会えたのが、フランスチーズの一番の権威者、フランスAOCチーズ協会（ANAOF）のジャン・ユベール会長でした。僕のチーズづくりの師匠となる方です。僕は敬意を評して、「ユベールじいさん」と呼んでいます。彼の指導があってこそ、今の共働学舎のチーズがあるといっていい。

フランスのチーズのAOC（原産地呼称統制）を立ち上げ、長くリーダーを務めたユベールじいさんは、早くからアメリカ流のグローバルスタンダードという考え方に異を唱え、周到な戦略でフランスチーズの価値を高める活動を展開してきました。彼の主張と行動の核には、たった一つの基準（グローバルスタンダード）で世界の食糧の生産と流通を切り取ってしまうと、古くからある地域ごとのかけがえのない生業(なりわい)や文化を壊してしまう、という危惧や怒りがありました。そのために強く打ち出したのが、品質、特徴、個性というものをきちんと認証して保護する仕組み作り（ＡＯＣ）だったのです。

規模や効率や、どこでも均一なスペックを尊重するアメリカ流のモノ作りに対して、自分が暮らす土地の固有の価値を軸にしていくユベールさんらの生き方は、いま日本がそれをお手本に取り組み始めた原産地呼称や地理的表示の保護制度につながっていきます。共働学舎ではいろいろな負担や悩みを持っている人を受け入れています。自分とちがった境遇にある人たちと共に生きていくことを選びながら、「自分たちがどうしたら自分たちでいられるか」と問い続けていくことは、ユベールさんらの歩んできた道にも重なっていま す。それは当然、アメリカ流の経済やモノ作りとは一線を画すことになるでしょう。

１９８９年、フランスでユベールさんと最初に会ったとき、僕は本物のチーズを作りたい、チーズ作りを教えてほしい、と訴えました。すると彼はこう言いました。

「なぜだ？　日本では白い液体（牛乳）を売っていれば金になるんだろ？」「それでは僕らは生活できない。農家1軒分の飼育頭数で、10倍の人間が暮らしているのだから」

「どういうことだ？」

ユベール爺さんと

「僕らのところには、障がいを持っていたり悩みを抱えた人間たちがどんどん来てしまう。だから付加価値を高めたものを生産しなければならないのです」

彼はしばらく考えていました。僕は、障がい者などがどんどん来ると口にした瞬間に、しまった、と思いました。そんな中途半端な気持ちで本物のチーズを作るつもりかと怒られると思ったのです。しかし、それを受けて彼が口にした言葉はまったく意外なものでした。

「そうか、じゃあおまえを応援してやろう」

はっ、と思いました。原産地呼称の制度は、フランス南西部のボルドーで始まったと聞いています、産業革命の前、ボルドーでは小さな畑を馬でおこして、ブドウをていねいに管理しながら、手で摘んで、全て人間の手作業でおいしいワインを作っていました。そして現在ボルドー型と呼ばれる形のボトルに入ったボルドーワインは、とても高く評価されていました。しかしイギリスで産業革命が起こって、大量生産と大量消費で財をなすことをめざす資本家が出現します。彼らはワインにも目をつけてボルドーに工場をつくり、農家のブドウを買い漁ったのです。機械でつぶして機械で瓶詰め。ボルドーのブドウをボルドーでワインにしているのだからボルドーワイン。これが安い値段でどんどん出回るようになってしまいました。

ところがやがてマーケットでは何が起こったでしょう。ボルドーワインは質が落ちたという声があちこちで出て、売れ行きは急降下。さらには、もともとのやり方で作っていたワイナリーのものまで売れなくなってしまいました。

彼らは、自分たちは昔からのやりかたで正しく作っているのだから、どうか高い値段で買ってほしいと訴えます。でも、それが昔からの高品質のワインだということを、どう証明するか。そこがポイントとなりました。

そこで彼らは、以前と同じ畑で、同じ方法で、同じ道具を使って同じ瓶に入れて作るのがボルドーワインだ、という仕様書を作ります。これ以外の方法で作ったワインはボルドーワインとは名乗れない、と。そしてそれをボルドーの議会を通して条例化させました。これがＡＯＣ（原産地呼称統制）のはじまりです。

原産地呼称の法律は、土地に根ざして生きる経済的に不利な人間を守る目的で作られました。ユベールじいさんは言いました。

「おまえは工業国の日本で経済的に不利な人間といっしょにもの作りをして自立したいのか？」

「Ｏｕｉ（ウィ）！」

「だったら教えてやろう」

実に筋が通っています。でもそういう考え方をするのか、とびっくりもしました。そんないきさつがあって、僕もいろいろ準備に奔走して、１９９０年の11月、ユベールじいさんは十勝に来てくれました。仲間たちと「第１回ナチュラルチーズ・サミットin十勝」という催しを開いたのです。

彼は自分のトランクに32種類のチーズを持ってきました。どれもすばらしいチーズで、ほんとうに驚きました。そして僕のチーズの工房を見て言いました。「おまえはここで俺が言うチーズを作るのか？」。質問自体が、それはムリだぞという意味でしょう。僕はとっさに、「いや、新しい工房を作ります」。

なんの裏づけもなかったのですが、思わずそう言ってしまいました。

「あなたの言うチーズを作るためにいちばん重要なことは何でしょうか？」

彼はひと言だけ言いました。

「牛乳を運ぶな」

フランスでも話したし、もうわかるだろう。あとは自分で考えろ、と。

考えました。そしてまず、自分の牧場でしぼり、その場でチーズにすることだな、と思いました。フェルミエタイプ（農家自家製）の工房を作れ、と。牛乳は、タンクローリーに入れられた瞬間にトレーサビリティ（追跡可能性：この場合、いろいろな生産者の牛乳が混ざってしまい、どこで生産した牛乳かわからなくなってしまうこと）が切れてしまいます。肉などは産地証明のチップをつければ良いのですが、液体はそうはいかない。逆にいえば、自分のところだけで作れば安全証明につながります。フェルミエタイプのチーズを作ることは、当初から僕の考えでもありました。

そしてもうひとつは、ポンプを使わないこと。機械は、食べものになる命のエネルギーを削いで劣化させます。僕は物理を学んだ人間ですから、その意味はすぐわかりました。いわば、産業革命以前の作り方をできるだけ尊重すべきなのです。この原理は第二章で詳しく説明しましょう。

すぐ構想を練り始めました。ゆるやかな傾斜を利用したチーズ工房は床を下げて、搾乳の施設から重力だけで牛乳が運ばれる仕組みを考えました。ポンプを使わないためです。

チーズ工房の建設

当時考えた事業計画の裏付け（捕らぬ狸の……だったのですが）を大まかにいうと、こういうことです。

年間搾乳量の目標は、４００トン（当時）。これを牛乳として出荷すれば３２００万円くらいになります。労賃として手元に残るのはその３割ちょっとの９００万円くらい。しかし新得農場にはふつうの農家の10倍の人間がいるのだから、10倍の労賃を稼がなければなりません。ということは４００トンの牛乳で９０００万円以上。これを、より付加価値の高いチーズで計算すると、労賃で計算できるのは６割くらい。４００トンの牛乳からできるチーズは、ホルスタイン種の場合約40トン（牛乳の10分の１）です。キロ３０００円の卸値で計算すると売り上げは1億2000万円。この6割が残ると、7200万円。これでは足りません。しかしブラウンスイス種だと、チーズの歩留まり、つまりチーズになる量が2割以上増えます。そうすると48トンで、売り上げは1億4400万円。残るのは、8640万円。これでもまだ足りませんが、ここで気づきました。チーズ製造にかかる製造コストは液体の量にかかるので、余分に生産される8トンのチーズには製造コストはかかっていないのです。その売値は2400万円。そこから販売コストである1割の240万円を引くと、2160万円。ホルスタインのチーズからの7200万円に足すと9360万円。なんとか9000万円を超えます。話を進めることに決めました。

さて、ユベールじいさんに新しいチーズ工房を建設すると約束してしまったものの、問題は資金でした。1億円を超す建設費は、借金で賄わなければいけません。しかし、思わぬ横やりが入ったのです。この事業計画に父が反対したのです。借金をしてまで事業を起こすことは共働学舎の福祉の理念に反する、という理由でした。

共働学舎は「自活」をうたってはいるが、結局、支援者からの寄付に依存した体制で成り立っています。僕は「ここで決断して実行しなければ、これまでの構造は変わらない。借金をしてもいいから、自分たちで働いたお金で生活できるようにしたい。自分の子ども

チーズ工房の内部

たちの教育費ぐらいは自分たちで稼ぎ出せる生産力をもちたい」と主張しました。

父は反論します。「これまでの共働学舎の前例をよく見てみろ。そんなことは不可能だ。ましてや借金をして利息を払いながらなどできるわけがない。だから、これまで寄付を集めてやってきたのだ。正しい生き方をしていればこそ、寄付は集まるんだ」

父は実際に何千万円も寄付を集めていました。それは事実で、新得共働学舎もそれで運営されているわけで文句は言えません。ありがたいと思っています。だけれど、自分たちが生きがいをもって生き、学舎を継続的に営んでいくためには生産力が必要だと主張しました。議論は平行線でした。

父は新たに「共働学舎運営委員会」なる組織を立ち上げ、いかなる事業も委員会の承認なしに立ち上げることはできないとする規則を作りました。自分の息子ゆえの優遇はしないという潔癖なまでの正義感ゆえでした。

委員会で僕は事業の必要性を力説した。委員は当然、父親寄りだった。しかし、中に企業の社長や事業家もいて「面白いじゃないか。やってみたらどうか」と言いだして、結局承認されてしまったのです。僕の考えと計画に運営委員会が逆にお墨付きを与えてしまったのでした。

一九九一年、新得町の助力もあり、畜産基地建設事業として約８０００万円でチーズ工房を建てました。さらに１１００万円で牛舎を、２１００万円で搾乳室を自分たちだけでトンカチやって完成させたのです。

チーズ工房の半分は国と道からの農業補助金、残り半分の８割は農協関係の信連から借り、２割は新得町が補助してくれた。それに過疎地域振興資金や生産拡充資金など低利の融資で集めたのですが、１２８０万円足らない。父の共働学舎が頼りでしたが、「お金は無利子で貸す。しかし保証人にはならない」と突っぱねられてしまいました。

そこに手を差し伸べてくれたのが、新得町の佐々木町長でした。町が債務保証をしてくれたのです。ありがたかった。翌92年2月には搾乳牛を新牛舎に移して、新生産体制がスタートします。

「本物」を求めたチーズが認められた

ユベールじいさんに「この十勝にいちばん合っているチーズは何か？」と訊いたら、「ラクレット」と即答します。半年以上も寒い冬の状態だから温かいチーズ料理として使える。比較的、製造は難しくはない。まだ日本に普及していない。そんな理由から出た答えでした。

ラクレット（ラクレットヒーターで温め溶かしジャガイモやパンに載せて食べる）

工房が完成したところで、ユベールじいさんに紹介してもらったフィリップ・イブランド氏というチーズ製造コンサルタントをフランスから招き、できあがったばかりの工房でナチュラルチーズ製造技術講習会を開きました。小規模工房をめざす者が全道、全国から二十人ほど集まって、熱心にフランスのチーズ作りの技術を学びました。このときの講習から、いまや北海道で日本全国で優良なチーズ作りをしている仲間が生まれています。

こうしてチーズができ始めたものの、借金は６５００万円ありました。どう返済していくのか。しかも、これまで10年間にわたり、チーズ作りの中心をになっていた工場長が辞めてしまったのです。彼なりに６５００万円の返済計画を考えて、「フランス系のチーズでは売れない。売りやすいイタリア系のモッツァレラチーズを作らないと経営が成り立たない。そのためには手作りではなく、機械の導入が必要だ」と主張していたのです。しかし、僕は急がば回れと妥協しません。結局、辞めてしまい、僕がチーズ製造の陣頭に立つことになりました。そのため、営業に回れない。売れない、借金返済が思うにまかせないという悪循環です。

肉体を酷使し、精神的なストレスが重なる。無理が無理を呼びました。完全にオーバーワーク。とうとうもたなくなって、狭心症の発作を起こしたのです。３回目の発作を起こしたとき、「もう肉体的に無理するのはやめよう」と思いました。朝の搾乳は任せることにして、チーズに集中するようにした。それで体が少し楽になった。

運命が転換したきっかけは、１９９８年の中央酪農会議主催「第1回オールジャパンナ作ったラクレットを出品していました。

チュラルチーズコンテスト」でした。工場ができて6年目の2月。僕は持てる力を注いで作ったラクレットを出品していました。

ちょうど、そのとき共働学舎の運営委員会が東京で開かれていました。そこで、僕は計画どおりに売り上げが上がらず、ギリギリと絞り上げられていました。親父からは「お前は反対を押しきってやった。それなのに借金返済も計画どおりにいっていないではないか。言わんこっちゃない。どうするんだ！」と責めてきます。

会議を中座し、「ちょっとすみません。コンクールの結果を聞きに行ってきます」と言い残して、有楽町の会場に向かいました。会場のホテルに着くと、「おまえのチーズ、決戦に残っているぞ」と言うではないですか。相手は、岡山県の吉備高原にある有名な吉田牧場のラクレットでした。

「発表です。金賞、吉田牧場のラクレット。金賞とグランプリは、共働学舎のラクレット！」

ハードタイプ部門で吉田牧場と共働学舎のラクレットが同点となり共に金賞。異例の決選投票で、共働学舎がグランプリに選ばれたのです。僕は涙を流していました。

すぐに取って返して運営委員会の場に戻りました。静かに席に着くと、「どうだった？」

と訊かれます。あくまで冷静に「いや、金賞をいただき、グランプリもいただきました」。みんな、シーン。声を出す人はあまりいなかった。十数人いた運営委員会の中には僕を応援してくれた事業家の人たちも何人かいて、その人たちはにんまりしていた。

それからはラクレットを中心に徐々に売れるようになり、カマンベールも売れ始めました。コンクールで賞を取ることは経済的に大きなメリットがあります。やっていることは同じでも、それが認められて初めて消費者が商品の価値に気づいてくれるのです。売れるようになれば生活ができる。チーズが作れる。受賞で救われました。

「フランス流の濃い味のチーズを作ったって売れないよ」とみんなに言われていた。でも「それしかない」という僕の確信は間違っていなかったのです。ユベールじいさんに教わり、フランス人技術者に教わりながら仕上げてきたラクレットが認められたわけです。

それから数年かけて、納得できるカマンベールチーズの「雪」が完成。ユベールじいさんに　見せると、口にして「うーん、エクセレント！」。ＡＯＣチーズ協会のトップが「エクセレント」と言ったのです。ただし、すぐあとに「これだけの技術があって、お前はいつまでコピーを作っているんだ？」と付け加えるのです。他国の有名な製品のコピーでは「本物」にはならないという強いメッセージでした。

実はそんなふうに言われるかもしれないという予感があったのです。そこで、北海道産の笹塩を使い、表面に笹の葉三枚をあしらった白カビタイプを隠し持っていったのです。

「この葉っぱは白カビを増やすのか？」

笹の葉のせいで、ちょっと苦みが出ていたのです。そこで、笹の葉を1枚にすると欠点がなくなりました。こうして、オリジナル商品1号の「笹ゆき」が完成したのです。

世界の頂点（グランプリ）に

さらに「山のチーズオリンピック」に出品する機会を得ることができました。これは、標高が高く傾斜がきついといった厳しい条件下（標高600メートル以上で、傾斜が20度以上あり放牧しかできない土地）にあるフランスやスイスなどの小規模な牧場のチーズ工房が、自分たちの手で2002年から立ち上げた国際コンテストです。フランスのコンテやスイスのグリュイエールといった彼らのチーズは、一軒当たりの生産量は少ないものの、昔から国際的に高く評価されていました。そして彼らは、機械による大量生産が世界のスタンダードになってきているけれど、土地に根ざして風土と共に生きている自分たちのチーズこそが高品質で経済価値が高いんだということを、オリンピックと銘打って国内外にアピールすることに決めたのです。身内の枠にこだわらず、アジアや北米など世界に門戸を広げたことが、オリンピックと名乗ったゆえんです。

新得共働学舎の傾斜がきつくて決してよい条件ではない土地が参加資格ありと認められたのです。

僕たちは第1回から参加したのですが、賞が取れたのは第2回の2003年。開催地はフランスのラルースで、出品したのは、この大会のために開発した「さくら」です。「さくら」は、ジオトリカムという酵母を使って白さを際立たせた上に、桜の香りをほのかにつけたソフトタイプのチーズです。桜の花の塩漬けをトッピングすると、日の丸のイメージにもなる。こうした個性と味わいが評価されて、フレイバーソフトチーズ部門の銀賞をいただきました。

これには驚きもしうれしかった、さらに自分たちのやってきたことが世界に通じた、という感動がありました。でも僕は欲ばりなのか、すぐ、なんで金じゃないのだ、と思いました。しかし考えてみると、銀で良かったのです。一等賞はスイスの工房で、彼らのプライドは保たれたのですから。極東のチーズ新興国の牧場が俺たちのチーズを相手に腕試しに来て銀メダルを取った。やるじゃないか、よしよし、と。

じっくり手間をかける熟成型のチーズが僕らにはあっている

次の年、２００４年の開催地は、スイスのアッペンツェル。同じく「さくら」を出品しました。前年の「さくら」には表面に少し青カビが出て、ピカンテと呼ばれるピリッとした辛さも部分的にありました。でもフランス開催だから白・赤・青のトリコロールで良しとしよう、と思っていました（品質上の欠点とはなりません）。しかし今回は、水分量を調整するなどして、この青カビを押さえる工夫をしたのです。なにしろスイスの国旗は赤と白ですからね。

はたしてこの年、「さくら」はフレイバーソフトチーズ部門の金メダルを獲得し、その上で、14あるカテゴリーを３つにくくった（フレッシュ、ソフト、ハード）うちのソフト部門のグランプリまで取り、その上に八百数十個の参加製品の最高賞までいただいたのです。

審査発表の場は大騒ぎでした。ステージには日の丸が踊り、楽団が君が代を演奏し始めます。よくぞ楽譜を用意していたものだ、と感心しました。テレビや新聞のカメラも殺到します。さすがオリンピックの演出です。後日聞いたのですが、スイスやフランスの夕方のテレビニュースでこの様子が大きく取り上げられたそうです。といっても好意的にではなく、時計やカメラや車と同じようについにチーズまで、メイド・イン・ジャパンがヨーロッパに進出してきた、という文脈で。

チーズを含めた料理の世界で、日本人がヨーロッパでトップに立つということは極めて稀なことです。これには、あのジャン・ユベールが応援している日本人、という追い風があったと思っています。つまり、心情や政治的なバイアス（偏見）をかけずに、僕らのチーズを正当にジャッジしてくれたのです。

表彰式で、強く印象に残っていることがあります。銅メダルのフランス人が、ぎゅっと握った握手の手をずっと離さずこう言ったのです。「来年絶対来いよ！　お前にはミッションがあるんだ」

来年来いよ、というのは「勝ち逃げはなしだぞ」という意味でしょう。でもミッションとは何だろう。その後そのことをずっと考えていました。やがて、はっきりとわかってきました。彼らの理屈はこうです。

「俺たちは機械化もできない山の土地で、はるか昔からチーズを手作りしてきた。規模や効率が世界を支配する時代になって、俺たちは俺たちのやり方を経済的に守るためにオリンピックを始めた。そこにチーズ後進国のお前がやって来てグランプリを取った。俺たちにとってそのことの衝撃はどんなに大きなものか。でも俺たちはお前のチーズをフェアにジャッジしたんだぞ。だからお前は、俺たちの気持ちを受けとめろ。規模や効率ではなく、土地に根ざした品質と個性で経済価値を作り出す山のチーズの考え方を、日本やアジアにしっかり伝えてくれ」――。

共働学舎新得農場のチーズ作りの骨格は、ここに定まりました。そしていま日本でも、山のチーズオリンピックが掲げるような理念を具体化させていく「地理的表示の保護制度」、英語ではＰＧＩ（Protected Geographical Indication）と呼ばれる新たな品質保証の制度が法制化されました。

経済的に自立してこそ真の「自労自活」バージョン3.0（第3段階）

現在（２０１５年・平成27）の新得共働学舎の経済的な運営状況を申しましょう。農場全体の売り上げは２億１０００万円で、そのうちチーズの売上は１億４４００万円ありました。おかげで農業組合法人共働学舎新得農場は１００万円の税金を納めるまでになりました。牛はブラウンスイス種が約50頭いて、ホルスタインはどんどん減らしていて、２０１７年度にゼロになる予定です。頭数はこれ以上増やさないつもりです。配合飼料を減らして牛の体調や乳質をよくすることで、無駄がなくなりチーズのロスを減らしているのです。

初期から年間の乳量は４００トンを目指してきたのですが、いま３６０トンくらいまできています。そのうち90パーセントをチーズに使っています。

現在は、共働学舎本部からの援助はもらっていません。町からの借地についても現在は借地料を支払っています。

もちろん、宮嶋眞一郎の理想に共鳴してしていただいた方たちからの寄付があって土台ができた。その上で、いまの新得があります。しかし、自分たちの日常に必要な経費は自分たちで生み出さないと真の「自労自活」にならないと思うのです。

父の共働学舎創立時の構想は、自然の中における農業と工芸による「自労自活」を掲げています。だがそれを支えてきたのは実質上、寄付金でした。それも実をいえば、カリスマ性をもった創立者宮嶋真一郎個人への寄付がかなりを占めています。ということは、共働学舎の本質を理解し、心からその理念に賛同した上での支援でなければ、その個人がいなくなったとたん、メンバーの生活を支える寄付金も途絶えてしまう可能性が高い。僕はそこに危機感を持っていました。

新得農場は、寄付を受けながらも自分たちでリスクを負いつつビジネスを展開する道を探ってきました。すなわちチーズの生産です。それが米国から帰国して日本で始まる新しい生活を前に、僕が「親父の理想を別な登り口から登ろう」と決めて選んだ道でした。寄付に全面的には頼らず、自分たちだけでせめて生活の糧を得ることが、メンバーたちの生きる手ごたえにつながるとも思ったのです。

福祉の世界で「ビジネス」という響きを耳にするだけで拒否反応を示す人は少なくありません。僕自身、新得農場で借金して事業を起こそうとしたときには、「お前は、もうけ主義に走ったか」「お金第一の価値観に取り込まれたか」といった非難と批判をさんざん浴びました。

父からは「なぜ寄付を集めないのか?」と訊かれました。それに対して僕は「『私たちの考え方は正しいから』では、もはや寄付は集まらない。未来の社会を見据えた自分たちの価値観と考え方、構想をきちんと提示してこそ、人々の共感を得た本来的な支援が得られる」と答えてきました。

従来の福祉は介護に要する費用を賄うために、公私からの支援や寄付をあてにしています。そこに欠けているのは、ケアされる側の「生きている手ごたえ」への配慮でしょう。彼らはケアされることだけを求めているのではない。それでは生きがいを得られないのです。

新得共働学舎のチーズ

2004年に第3回山のチーズオリンピック(スイス)で「さくら」がグランプリ&金賞を受賞したあとも、共働学舎新得農場のチーズは毎年のように賞を獲得してきました。おかげさまで、毎年30数トンのチーズを生産でき、各地のチーズ専門のレストランやショップなどで扱ってもらえるようになっています。

２００８年には北海道洞爺湖サミットの際、国際メディアセンターで出されていた「さくら」を当時の福田首相が気に入って、ブッシュ米大統領の誕生会パーティーに出しています。チーズにうるさいというイタリアのベルルスコーニ首相は「さくら」を食べて　お代わりを要望してくれました。一流の食に慣れている人たちの舌にかなったかと思うと正直うれしかった。もっともそれをあとでイタリアの友人に話したところ、彼はなんでもお代わりするんだよ、と笑われたのですが。

また、天皇家への贈答品としても共働学舎新得農場のチーズをご注文をいただいています。社会的に弱者とされる人々へひときわの関心が強いという方たちが、僕たちのチーズを評価してくれているのはうれしい限りです。

みんな神様を連れてきた

新得共働学舎では、いまや70人以上のメンバーが共に働き共に暮らしています。約半数が心身の障がいや精神的な悩みをもった人たちです。最初は、私の家族３人を含めて６人からスタートしました。毎年のように心身に重い妨げ(さまた)を抱えていたり、いろいろな理由から社会での居場所を見つけられない人がやって来ます。そうした人々と共に生きる営みを目指してやって来る人もいます。チーズ作りに魅力を感じてやって来る人もいます。また、世界中から、こうした障がい者と健常者が一緒に暮らす共働生活を体験するために研修生が来ます。

【コラム】ソーシャルファーム

ソーシャルファーム（Social Firm）は一般にはまだ知られていない言葉だと思います。これはもともと、精神病院の入院患者が病院を出て、サポートを受けながら地域で働くことが有効な治療になるはずだと、１９７０年代にイタリアのトリエステで生まれた仕組みです。やがて精神病院の枠を越え、心身に負担を持っている人々のケアにも広がり、利潤を追求するのではなく、社会的な課題をビジネスの手法を取り入れながら解決する事業として浸透していきます。社会の弱者に、企業でも福祉施設でもない第三の場を提供できることが画期的でした。

同じころアメリカのウィスコンシン州マディソン市では、市民ボランティアたちが精神を病んだ若者たち（ＰＴＳＤ・心的外傷後ストレス障がい、戦争後遺症など）を、施設ではなく地域の暮らしの中でケアする取り組みが始まり、やがてマディソンモデルと呼ばれる成功例となりました。

また1990年代になってフランスでは、帰る家を失った人や失業者、刑務所の出所者などの社会復帰を進めるために農業を使うユニークな取り組みが始まりました。これを進めるジャルダン・ド・コカーニュというNPO法人は、耕作放棄地を活用した有機農業によって生活困窮者たちに職業訓練を行い、その活動を地域の人々が野菜を買うことで支えているのです。いまでは130もの農場を持っていて、社会的弱者である雇用者の数は4000人を数えます。2013年6月には、この組織のジャン・ギィ・ヘンケル代表を招いて「第1回ソーシャルファームジャパンサミット新得」という催しが開かれ（十勝サホロリゾート）、僕もパネリストとして参加しました。

ヘンケルさんは、世の中の生産と流通、消費に少し新たな発想と仕組みを加えることで、社会はもっと強く豊かになるはずだと言いました。

日本をはじめどの先進国でも、財政の悪化や経済最優先の新自由主義化の傾向などから、社会的弱者の面倒を国がしっかり見る時代は終わりを告げました。こうした行政主導の福祉の行き詰まりを打破しようと生まれたのが、これらの「施設から地域の中へ」という市民に根ざした潮流です。

近年僕たちは、しばしば日本のソーシャルファームと呼ばれるようになりました。しかし僕らは、ソーシャルファームをめざして活動してきたわけではありません。試行錯誤を重ねてこれまでやってきたことが、どうやら世間ではソーシャルファームと呼ばれるものでもあったらしい、というのが実感です。

いずれにしても、70年代からのこうした動向がいっそう目に見えるようになってきた今日、僕たちもこれまでの新得での取り組みで得たことを、地域に積極的に還元していく時代に入ったと考えています。共働学舎新得農場はいま、地域にさらに開かれた農場をめざして進んでいきたいと願っています。

第二章　共鳴：人間もチーズもニコニコ共振する環境って？
——メタサイエンスが整える楽しい農業と生活

新得共働学舎では生活と生産に、メタサイエンスを大幅に取り入れています。メタサイエンスとはメタ（高次の）＋サイエンス（科学）という意味で、特に電磁波に敏感に共振する人間や生物への影響を重視したものです。さらに、僕は自然界の摂理は人間集団の原理でもあると思っています。

メタサイエンスとは

新得共働学舎の農業や生活はメタサイエンスを裏付けにして運営されています。メタサイエンスという言葉は、メタ（高次の）とサイエンス（科学）に分解できます、従来の科学の枠組みを超えた新しい科学という意味です。

ちょっとオカルトやスピリチュアル的な面もあるので〝怪しい〟と受け取られかねません。しかし、僕は大学で一貫して科学分野（物理学・森林生態学・農学）を学んできています。ですから、実証をベースにする通常の科学と矛盾することは受け入れないほうです。

ただし、当たり前ですが、従来の科学では充分に説明がつかない未知の分野があり、そうした現象や仮説も取り入れて実践の中で実証していこうとしているのです。

特に重視しているのが波動です。波動の中でも電磁波の働きが私たちに大きな影響を与えていると考えています。

電子農法を通じて知った炭埋（たんまい）

僕がメタサイエンスに目覚めるきっかけとなったのは、釧路で電子農法を普及させる活動をしている人たちから炭埋（たんまい）をすすめられたことがきっかけです。１９８０年代の初めのことです。

電子農法とは、楢崎皐月（ならさきこうげつ）（１８９９−１９７４）が提唱した農法で、地中に炭を埋めることで電子の流れを起こすとさまざまな効果があるというものです。

楢崎皐月は僕が炭埋に出会ったときには亡くなられていたのですが、その研究を引き継いだ人たちが『相似象』という書物を発行していて、それを送ってもらいました。楢崎皐月は、「イヤシロチ」（生命が元気になる土地）とか「ケガレチ」（生命が衰える土地）という理論も唱えました。また、『カタカムナ』という不思議な文書を伝承したというオカルト的な話があり、世間では一般的に〝トンデモ科学〟的な扱いを受けています。

しかし、炭埋については、すでに農業に応用されており有用性が科学的に実証されてもいます。

基本的な炭埋は、直径1メートル深さ1メートルの円柱の穴を掘り、炭素純度の高い活性化した炭の粉末を30センチから1メートルくらい入れます。そこに水を入れて、ランプの芯に見られる毛細管現象を利用して、炭の隙間に保水していくのです。穴の上に土を埋

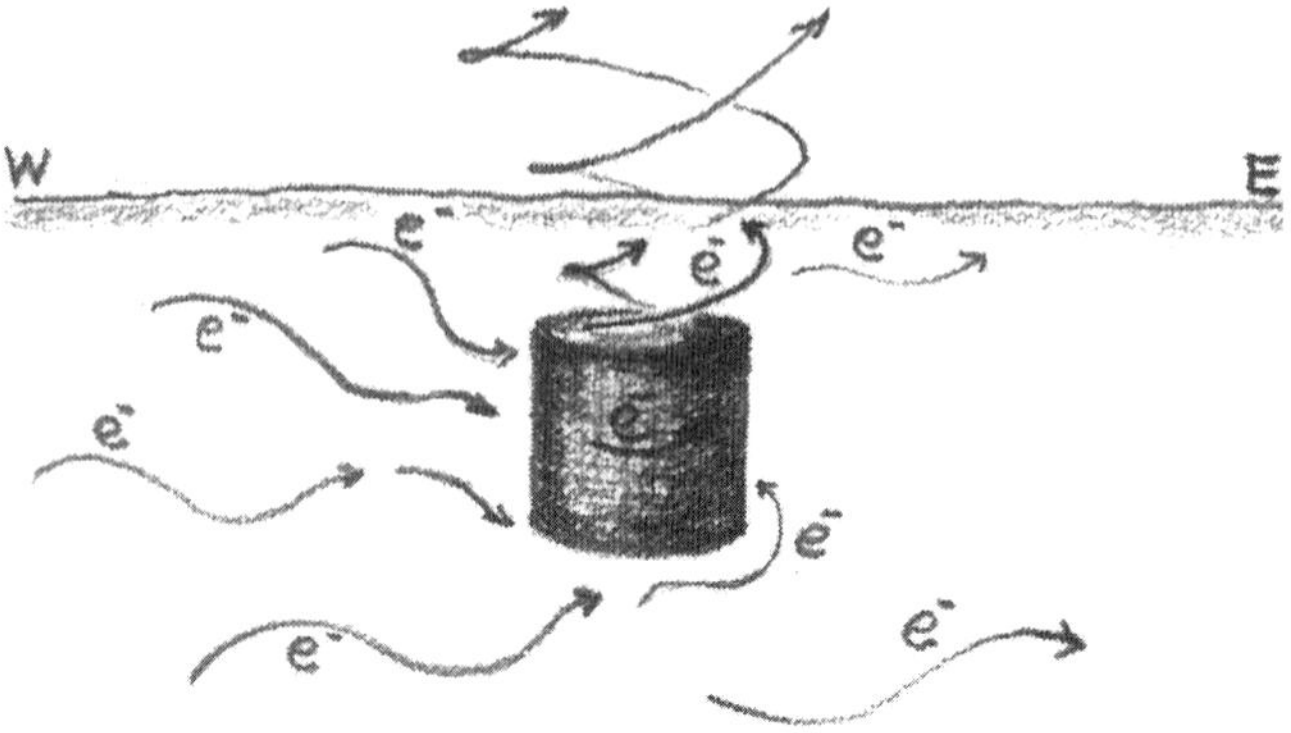

基本的な炭埋法

め戻すと、電気伝導の高い場が形成されて、半径16メートルくらいの範囲の電位が上がるのです。

高校の物理でフレミングの左手の法則を勉強しますが、電流がX方向に流れると直角のY方向に磁界が発生し、さらに直角のZ方向に力が発生するというものです。この応用でモーターが動作しているわけですね。ここでいう力とは、電場中の荷電粒子に働く力ということです。下敷きで頭をこすると髪の毛が逆立ちますが、髪の毛を引きつける力がそれです。

埋めた活性炭が地中を流れる電気の流れをよくすると、その直角に力が発生して、例えば土の中に水の流れを作ります。また、植物

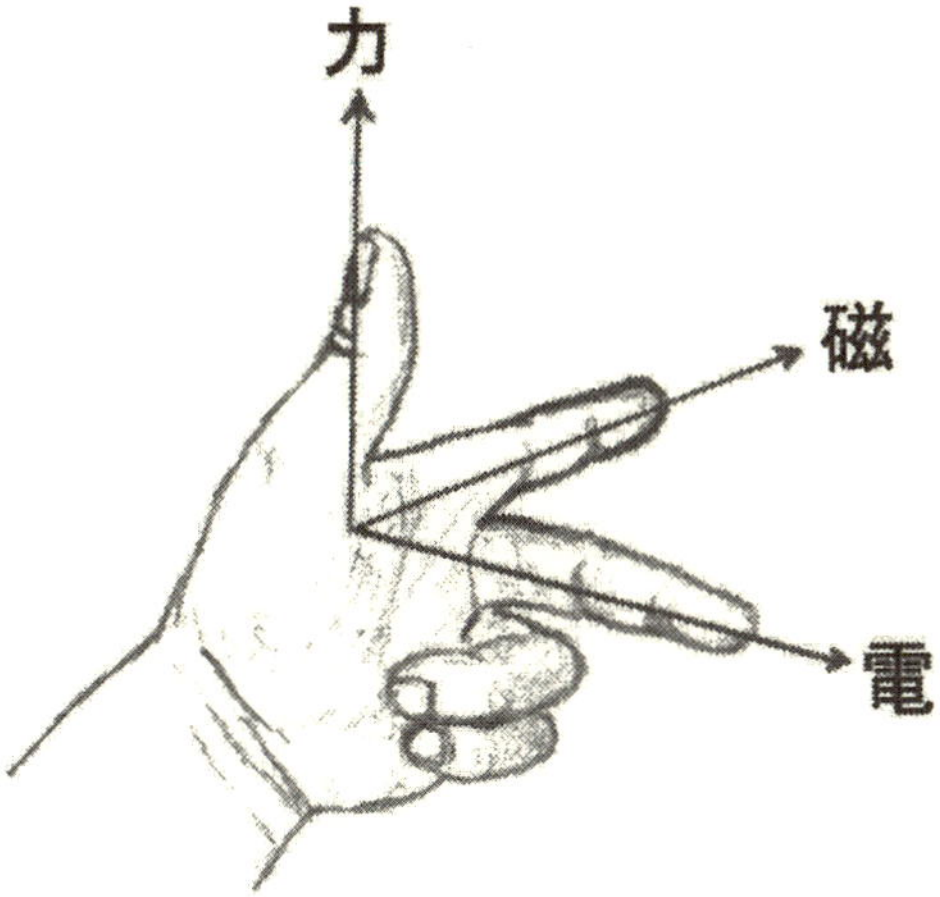

フレミングの左手の法則

の生命活動を盛んにする触媒作用を持つ酵素が活性化され生育がよくなります。楢崎博士がいうところの「イヤシロチ」化が起きるというわけです。炭には電磁的に素晴らしい効果があります。

また、土の中に水の出口を作っておけば、水は移動して水路（みずみち）を作り自然とはけていくことになる。このやり方で、水捌け（みずは）の悪い湿地から溜まった水を抜いて、乾いた土地に改良しています。

新得共働学舎では、炭を土に埋めることで、牛舎の衛生管理や発酵に使う微生物の活性化を図ってきました。炭埋は場のエネルギーを循環させる働きを持ち、この原理をうまく使えば、僕たちの体と心の健康にも役立てることができます。

ただし、この炭埋や土地の電荷をコントロールする方法は、やり方を間違えると、マイナスに作用することがあるので注意が必要です。

中尊寺・藤原三代ミイラ棺の周辺にも炭が

僕が初めて炭に関心を持ったのは学生のときにさかのぼります。

微生物学者の大槻虎雄教授が、岩手県平泉町の中尊寺金色堂で藤原三代の遺体に関する学術調査に参加したときのことを話してくれたのですが、ミイラで発見された三体が入った棺桶の外に、大量の木炭が詰められていたと言います。ミイラに炭…それは遺体をうまく保存するための措置だということでした。

炭埋が歴史的に使われてきたことがいまでは広く知られるようになっています。防腐剤や防湿剤として日本各地の遺跡だけではなく、正倉院や京都御所、江戸城、またエジプトや中国で発見されたミイラの棺の周りにも、炭が埋められていたことが報告されています。昔の人々は保水・脱臭・脱色作用もある炭の効果を経験的に知っていて、暮らしの中でさまざまに応用していたのです。

十字炭埋を伊藤孝三さんに学ぶ

僕の炭埋方法は、炭埋の元祖である楢崎皐月博士のものを改良したものです。楢崎博士のやり方は広い土地の場合は正三角形の三つの頂点に炭を埋め、さらにその一辺を底辺にした三角形の頂点に炭を埋めて範囲を広げていくというものです。炭埋実践者の多くは、現在もこの方法を踏襲（とうしゅう）していると思います。

しかし、僕の経験では、この「三角埋炭法」をやっていると、最初は作物の生育も抜群なのですが、ある程度期間がたつと周辺の作物の生長が不均一になってくる現象がしばしば見られるのです。物理学で考えると、三角埋炭では、三角点の内側は電子どうしが衝突して止まり、外側は一方向に回るようにして、エネルギーの渦が生まれるのです。これが、土地の中の電子を吸い上げて電位の低い地上に放出するのです。そのため、最初は電子の流れがよくエネルギーも活性化するのですが、一方的に放電してしまうのでエネルギーがその場で循環することがない。おかげで周辺の土地ではマイナスの電荷がどんどん吸い取られ、エネルギーを奪われてしまい、しだいに土地のバランスを欠いていくのです。周りは楢崎博士のいうところの「ケガレチ」化していくというわけです。

そんなときに、解決法を教えてくれたのが、伊藤孝三さんという炭埋の研究家でした。伊藤さんは、「三角炭埋」がエネルギーのバランスを崩すという課題にすでに気づいていました。そして、炭は十字に埋めるべきという「十字炭埋」を提唱していたのです。伊藤さんが、十字炭埋のほうがよいのではないかと考えたのは、出身地の福井県勝山市で発掘された縄文時代の三室遺跡からでした。縄文の竪穴式住居は炭埋の原点なのです。

遺跡調査の結果、水田の下に埋まっていた縄文時代の遺跡から、炭素埋設の跡が発見されたのですが、炭は一定間隔を置きながら、南北の磁力線に沿って二列、神社の鳥居の前から西に向けてやはり二列が埋められ、その配置はちょうど二重棒を直行させた十文字の形をしていたのです。

ここの地形は東に九頭竜川を背負う丘の西側の低地で、電子の流れから考えると必ずしもエネルギーが高い土地「イヤシロチ」ではないはずでした。しかし、ここの土地は昔から、収量の高い美田として知られていたそうです。そこで、伊藤先生は「秘密は十字に切った炭埋にあるのではないか」と考えたそうです。

その十字は、東西南北の方位に沿っていました。地球の磁力線は南から北に向かっていますが、東西南北に沿っているということは、三室遺跡の炭埋は地磁気の方向を意識して行われていたわけです。

こうすれば地磁気とエネルギーの流れにより、三角炭埋で起きるような電子の渦が生まれないのです。

この十字炭埋に僕はとても共感したのです。さらに、炭埋や電磁の理論は、生理現象や精神現象にも応用できるという僕の考えとほぼ同じことをおっしゃっていたのです。伊藤先生と出会い、僕は即座に弟子として入門させてもらいました。そして、北海道を中心に全国各地で伊藤先生の指導の下で、十字炭埋を実践してきました。

なによりも、この十字炭埋の優れた証明が、新得共働学舎のチーズや農作物、それにメンバーの生活の実践だと思っています。

電子水とセラミックスの効果〝究極の浄水器〟

電子農法のグループとの付き合いで炭埋の延長線上で教わったのが電子水です。楢崎博士が研究され、その教えを受けた人たちが継承して「電子チャージャー」という機械を作っていました。これは、備長炭（びんちようたん）の入ったステンレスのタンクに入った水に、電子チャージャー器を通しマイナスのイオン電子を蓄電（チャージ）するというものです。

電位が高くなった水は分子の結合が緩んで、それまで結合していた不純物を吐き出します。不純物は電子を集めてマイナスの極となっている備長炭に集まり無数の細孔に吸着されるので水が浄化されます。

また、水は高電位に蓄電しているので還元力が強くなっています。そのため、この水につけても鉄が錆びないし、野菜を洗うとなかなか腐らず長持ちします。さらに飲用すると、高電位で水のクラスター（分子集団）が小さく分断されているので、体のすみずみまで浸透し、老廃物を運び出してくれるのです。

こうした理屈は、僕が学んできた物理学と矛盾がなく納得がいくものでした。「電子チャージャー」は50万円もして、当時の新得共働学舎にはとても高い買い物でしたが、みんなの健康には代えられないと思い切って購入しました。心身を損ねたメンバーが自立していくために健康は必須の条件だからです。

こうして水の重要さを感じていた僕は、友人となった札幌の自然食料品店「まほろば」の宮下周平社長による〝究極の浄水器〟開発に協力することになります。宮下社長は、世界中から集めて厳選した材料で焼いたセラミックスを中心に宝石・岩石・活性炭を濾過層に搭載した浄水器「エリクサー」を開発します。電子チャージャーの電子水は不純物が除去されピュアなのですが、もうひとつ物足りない部分がありました。この「エリクサー」は業務用の菌検査に合格しているのに、その水は発酵菌を増殖活性化させる酵素を含んでいるのです。

僕は、チーズ作りにはもっと複雑な「おいしさ」が必要だと思っていました。「おいしさ」というのは、とても複雑精妙で、いろいろな味が絶妙なハーモニーを奏でる必要があります。その中には、苦みのような一般に雑味とされるようなものも成熟した味わいの核となります。こうした、自然の岩盤を通過して複雑な要素も含んだ水が、世界的にも美味しい水とされています。〝究極の浄水器〟はそうした水を提供してくれています。

世界には聖地といわれる場所があり、歴史的に宗教的な施設となっていたりします。そうした聖地や聖水の湧き出す場所は常磁性（外部磁場があるときに磁性を持つ性質＝磁性体によく反応する）が高いのです。ルルドの水をはじめ、奇跡の水と呼ばれる水がありますが、そうした水は常磁性が高い岩層から湧き出ています。そして、宮下社長の浄水器も、常磁性の高いセラミックを使い素晴らしい水を提供するのです。さらに還元水、有用微生物の活性化、重金属の除去などにも優れています。

新得共働学舎のチーズは製造過程でこの水が使われています。無殺菌乳でチーズ作りをする過程で、乳酸菌を始めとする発酵菌群の活性化が高まって、大腸菌や黄色ブドウ球菌などの雑菌の数が驚異的に減少したのです。これは、衛生の面はもちろん、品質面でも飛躍的にいいものができるのです。新得共働学舎のチーズが世界的に認められ、ファンが多い原動力の一つが、〝究極の浄水器〟です。

ちなみに、この〝究極の浄水器〟で作られる水は波動水になっています。さまざまで複雑な素材による濾過層を通る際に、電子エネルギーの波動を受けて、水のクラスターがいろいろな波動を持つのです。

微生物がつくる本物のおいしさ

微生物というと感染症などの病原菌でもありますが、人類に欠くことのできない大切な仕事をしてくれているものでもあります。消化器官の中には何億という微生物がいて、食べ物を分解し、栄養素を合成し、我々宿主に提供してくれています。体表でも同じように多くの微生物が棲(す)み着いて、外界から接触してくる有害な菌から皮膚を守ってくれています。

生物たちが息づく土の中にも森にも湖にも、さまざまな種類の微生物が無数にいて、有機物の分解・合成を繰り返しています。人間はもともとこの大自然における有機物の循環系の中で、自分たちの食料を収穫し生産していたのです。だからこそ人間の暮らしそのものが自然から遊離することはなかった。

人類は、微生物の発酵作用でできた飲み物、食べ物に恩恵を受けてきました。お酒、ワイン、ウイスキー、みそ、醤油、酢、パン、漬物、納豆、ヨーグルト、そしてチーズ……。おいしくて安全。これぞ発酵食品の妙味、自然が僕らにくれた贈り物でしょう。

僕らがナチュラルチーズの本格的な研究開発を始めたのは、共働学舎の敷地内に「新得町特産物加工センター」が建設された1983年からでした。このときは、建物は鉄骨作りで、衛生管理のために鉄板を壁に貼っていました。1991年に牛舎とともにチーズ工場を建設したのですが、このときは、どちらも木造にしたのです。そこでチーズを作り始めると、確実においしいものができるようになったのです。

鉄骨とコンクリートでは工場そのものが冷えてしまい、乳酸菌の働きが低下してしまうのです。さらに、本質的な問題として、鉄骨では電位が落ちてしまうのです。炭埋してせっかく集めた電子が工場内を回らずに、鉄骨を通って屋外放電されてしまうのです。それが、発酵菌の働きにとって大きなマイナスに作用してしまいます。木造にすることで、温度と電位を保つことができ、乳酸菌が繁殖します。乳酸菌が多いところでは、ライバルの腐敗菌ははびこりません。

新得農場のチーズ工場では、原料乳を加熱、撹拌、凝固、冷却させるチーズバットの真下に炭を埋めているほか、床と腰まであるコンクリートの壁には粉炭とセラミックスを混入しています。主成分がケイ酸のセラミックスはエネルギーの変換効率が高く、乳酸菌と必要な働きをする分解菌の働きを活性化します。そのため脂肪やタンパク質がきちんと分解されて、脂肪酸やアミノ酸になったときにチーズの味がかたち作られるわけです。決まった菌がきちんと働くと雑味のない際だった味になるのです。

こうして、炭埋がチーズの味に決定的な役割を果たしているのです。

また、チーズの熟成庫は札幌軟石という火山灰が固結した凝灰岩で建てられています。この石は常磁性が高く、マイナスイオンを供給し遠赤外線効果を促進するのです。また保温性もよいのでチーズ熟成に最適な温度・湿度を保ちやすいのです。

このようにして、チーズ作りの環境を整えることで、チーズの味は年々深みを増して安定し、同時に衛生面でも安全になりました。ロスや捨てる量も減ってきたのです。

札幌軟石でつくったチーズの熟成庫（内部）

さらに、原料となる牛乳の質を決める餌でも改良を進めました。青草の育成に、後述するバイオダイナミック農法を全面的に取り入れました。また、肥料にはサンゴを使って乳の重要な栄養素であるカルシウム分を高め、ミネラルのバランスを考えて土地の栄養状態に目配りした。こうして餌がよくなることで乳質がよくなったことも、国内外のチーズコンテストで賞を連続して受けるようになる原動力となったと言えます。

キャラハン理論との出会い

炭埋をきっかけに電磁波が生命活動や人間の精神作用、あるいは人類の意識レベルまで深く関わっていることがわかってきました。そして、1995年にP・S・キャラハン博士と出会い、直接教えを受ける機会を持つことになったのです。

キャラハン博士は世界的なベストセラーとなった『自然界の調律』（奥井一満訳、1980年、海鳴社）などの著作で知られる、電磁波と生物のかかわりを研究する学者です。彼の研究の中でも、昆虫の触角がアンテナのような役割をして環境中の電磁波をとらえていることを実験によって明らかにしたことが有名でした。

日本で彼の講演会を聞く機会があり、大変感銘を受けた私は質疑応答の際に、「生命が最も必要としているエネルギーと生命との関係を一言で表すとすれば、どんなふうに言えますか?」と聞いたのです。

これに彼は「あなたの質問に答えようとしたら、あなたは帰りのその飛行機に遅れることになる。本当に聞きたかったら、私の家に来なさい」と答えたのです。

「え?　本当に行っていいんですか?」「もちろん」ということになり、半年後にアメリカに行く用事ができたので、フロリダの彼の自宅を訪問することになったのです。

最初にキャラハンが強調したのはアンテナの形でした。

「アンテナは樹木の形に似ているだろう?」

確かに、僕らが知るテレビアンテナは「八木アンテナ」といって、縦と横、異なる長さの棒を組み合わせた樹木のような形をしています。樹木も同様で、木の枝の長さでどのぐらいの波長を吸収しているということが計算で分かるというのです。

アイルランドやアマゾンでは森林を切り拓いて耕作するとき、一本の樹木を残して伐採する風習があるそうです。その一本の樹木がアンテナの役割をして太陽からのエネルギー（電磁波）を取り込み、周囲の土壌に与えていくのです。

一本の樹木が植えられていることは、そこに炭埋をしていることと同じような効果があるのです。植物は地面から水分を吸い上げて蒸散している。ということは、マイナスのイオンを周囲に放散していることになるからです。

この他にも、いろいろな現象が電磁波で説明できるというのです。アイルランドの田園地帯には中世の塔が点在するが周辺にはよい作物ができる。日本の畑の畝も、溝に応じた電磁波を強める「整流器」のような働きをしている。日本庭園の石も陰陽のエネルギー（電磁波）を計算して設計されている。日本の古くからある神社仏閣も、土地のエネルギーの強い場所（いわゆる磁場の強い場所）に建っている……などなど、目から鱗が落ちるような説明をしてくれるのです。

キャラハン博士の研究の延長上には、人間の脳への電磁波の影響もありました。しかし、博士は「軍事機密に関わり危険だ」と発言しています。アメリカでは洗脳やテレパシー研究など、軍事利用が進められていたのです。博士自身も軍部との関係が深かったようです。現在、脳科学の発展には目覚ましいものがありますが、脳の働きにおいて電気および電磁波がいかに作用しているかが研究の焦点になっています。そうした分野の先駆者だったのです。

僕自身も、炭埋や電子水の研究のために、１９８８年にペルーのインカ文明遺跡を訪問しています。インカ文明は優れた農業技術で知られ、単位面積当たりの収穫量は現代の化学農法の比ではなかったといいます。標高２０００メートルの高原・山岳地帯で、どうしてそんなに効率のいい農業ができたのだろうか？　その秘密が新得での農業に生かせるのではと思ったからです。クスコを拠点に、マチュピチュ、ワイナピチュ、サクサイワマン、マイナピチュ、オリャンタイタンボなど、３週間でインカの遺跡を片っ端から見て回りました。

そこで見たのは、どうしてこんな高地にという場所につくられた段々畑でした。ガイドによると、その段々畑を流れる水は下を流れるアマゾン川上流から汲み上げているのではなく、炭を尾根づたいに埋めて、何キロも離れた氷河の雪解け水を引いてきているのだといいます。炭を埋めることで自然に水路(みずみち)ができて、高所へ誘導しているというのです。僕が十勝平野下流の畑で炭埋をしたときに、自然と水路ができていたのと同じでした。

さらに、キャラハン博士の理論を知ると、インカ帝国が常磁性の高い石を使って段々畑を作っていたことや、不便に思える高地に農地を設けたのは、陽がよく当たる朝日のエネルギーを受けることで、そのエネルギーが波長変換されて遠赤外線として土地のなかに放射されているということが理解できました。土中の微生物の働きがアップした結果、やせた土地でも収量をあげることができるのです。

電磁場が生命に与える影響に注目する

地球上の生物は太陽のエネルギー（太陽光・太陽風）のもとで生命活動を行っている存在です。この太陽光・太陽風も電磁波です。このエネルギーを使って植物が有機物（でんぷん質）を合成して、生態系全体にエネルギーを供給しています。

太陽光は朝は青色がかっており、夕方は赤みがかっています。これは、地球の自転により、午前中は太陽風が向かい風のようになり、午後は追い風のようになるためです。向かい風では、磁力線の間隔が狭くなりそれを通る光は波長が短く光は青みがかります。追い風では間隔が広がり、波長が長くなり赤みが増します。波長の短い光は、その分だけエネルギーが強くなり、長くなるとエネルギーは弱くなります。

そして、植物、動物、人間も、この太陽光の波長に対応して生命活動を行っています。植物は午前中に高エネルギーの光で盛んに光合成ででんぷんを合成し、午後から夜にかけて合成したでんぷんを根に蓄積します。

タケノコは朝方に成長し夕方は伸びません。朝日の当たる場所の薔薇は、夕日が当たる場所のものよりも成長が早いと言います。

動物も午前中に捕食活動を行うのが基本です。寝る子はよく育つといいますが、人間も午前に活発に活動して食物を燃焼させて、午後から夜にかけて蓄積して体を作っていきます。勉強や仕事も午前中の方が能率がよいのも、環境に溢れているエネルギーを使って活動が盛んになるからでしょう。

太陽からの電磁波の周波数変化は四季を通じても起こります。そのため、日周変動（1日の変化）と同じように、年周（1年間の変化）により地上の生物は似た影響を受けます。春は青い光のもとで芽を出し盛んに成長し花を咲かせます。秋にはいっそう紅くなった夕陽のもとで、実をつけていく。これは、太陽光のエネルギーに対応した結果なのです。

こうした季節ごとのエネルギー変動に対応したのがバイオダイナミック農法ではないか、そう考えることで僕は腑に落ちるところがあり、全面的に取り入れていくことにしたのです。

生態系の美しさは自然の法則に則っている

結論から言うと、地球上で命を持つ存在（生物）が使っているエネルギーはほぼ全て根元的には光合成によって作られています。光合成はクロロフィル（葉緑素）の働きによるものです。葉緑素というのは一般的な植物の場合、太陽の光を使って、空気中のCO_2を取り入れ根から吸い上げた水とミネラルで、でんぷん質を作っているわけです。

花、松ボックリ、葉っぱなど、植物は幾何学的な美しさを持っています。それは太陽エネルギーを効率的に取り入れるための最適の配列になっているからです。ドクター・キャラハンによれば、木の幹、枝、葉は太陽の光を受け取るアンテナだといいます。しかも、この光合成は同じ波長の光だけではうまくできない。波長の違う複合波でなくてはうまくいかない仕組みだといいます。

植物の形は有利に光合成をするために最適になっている。しかも、複合的な波長の光を受け止める仕組みになっているのです。いわば太陽光の唸り現象のようなエネルギーを受け止める仕組みになっている。青色は紫外線域に近く有機物を分解しやすく有機物の合成には不利なのです。しかし植物は光合成をするには短い波長を共鳴させ複合波を作り、遠赤外線域の一電子ボルトに合わせるよう、最適の形になっているのです。

ちょうど、バイオリンやチェロの胴がくびれていますが、どうしてああいう形をしているのか。いろいろな波長を共鳴させるのにちょうどいい形をしているからです。ある意味で生命体的な形をしている。植物は自分自身の体をそのように調整していった。なぜか。動物のように歩けないから。固定されているからこそ自分の形状や形を変えることで、一番必要なエネルギーを合成していくのに最適になっていった。あるいは、植物のほうがエネルギーの法則に素直であり、宇宙法則に則しているという意味で精神性が高いのかもしれません。

人間の体も電磁場の影響を受けている

人間の体は精神活動にせよ肉体活動にせよ、神経系をはじめ生体電流により動いています。生きているということは電気が流れているということです。電気が流れなければ死です。生きている体と、死んだ体の違いは電気が流れているかどうかです。そして、電流は磁場を生み出しますし、磁場があると電流が発生します。

また、地球全体が北極にS極、南極にN極と大きな磁石で地磁気を生んでいます。さらに地質が金属性が強かったり水分が多かったりすることで強弱があります。こうした地磁気は微妙なものですが、そこに暮らす生物に大きな影響を与えているのです。

ところで朝の太陽光である青い光は人間のどこに一番作用するのか。脳です。どうして脳かというと、人間は直立歩行しており一番高いところに脳が位置している、そのため電磁気が高い塔に吸い寄せられるのと同じく、脳は特別に電位が高いのです。そして電子が逃げないように頭蓋骨で覆っているわけです。守っていると同時に電位を高めている。

こうして電位を高めることで脳の中で活発に生体電気信号が発生し、思考ができるわけです。しゃべるためには脳から指令がでなければならない。脳が電位をためることができるのはなぜか。脳は頭蓋骨で覆われていて地面から離れているからであり、放電されにくいのです。

同時に脳は頭蓋骨で覆われています。骨というのは人工的物質がかなわないくらいの絶縁体なので電気が逃げない。頭蓋骨をおさえている筋肉は疲れていないときは、頭蓋骨をぐっと押さえて隙間がない。頭蓋骨は1枚ではなく、ぴたっと合う3枚か4枚の骨でできています。この頭蓋骨を覆っている筋肉が疲れてくると、隙間が開いてきます。緩むと電子が逃げてしまう。すると集中できない。思考ができない。だから筋肉が疲れずに頭蓋骨をおさえられるのは2時間くらい。だから授業はだいたい1時間半なのです。

また、高速道路に乗ったら、2時間ごとに休みましょうと言われます。スポーツはだいたい1時間半で終わるようになっています。それでも勉強しなければいけない連中は緩まないように、はちまきをするわけです。F1ドライバー、ジェット戦闘機のパイロットがヘルメットを被るのも事故の時に頭を守るだけでなく、頭蓋骨が緩まないようにしているのです。

寝るとはどういうことか。脳の電子を体に戻す。体の中では細胞を補修したり、新しい細胞を作ったりするのは夜やりますが、それは体が周囲に比べて相対的に電位が高いときに盛んに合成が行われるからです。ですから、昼間、授業中に居眠りしても細胞は補修されないし、夜、コンピュータをたたいている人の細胞は補修されないのです。夜、周辺の電位が低いときにきちんと寝なくてはいけないのです。

それで体を補修する。寝る子は育つといいますね。ただし、夜寝る子は育つというのが正しいのです。

人間は1・5ボルトで動いている

体内電流や電位は非常に微弱なものです。しかし、我々の思考も運動も生理現象も全て神経を通る電流でコントロールされています。その体内電流の電圧（電位）は最高1・5ボルト以下です。これは、乾電池と同じ電圧です。どうして同じかというと、我々は有機物です。つまり炭素の化合物なのです。乾電池も中心に炭素棒があります。

炭素は元素周期律の14族で、最外殻（L殻）の電子は8個入るところに4個入っているものです。L殻の電子の数によってプラス4価からマイナス4価になれる。物質の中で一番エネルギーのやりとりの幅の広い族が14族です。その中で一番軽いのが炭素です。つまり、炭素系の生物がエネルギー的に一番効率よく活動できるのです。生物は移動や運動する必要があり、樹木なら重力に逆らって立っていなくてはならない。軽くてエネルギー効率が求められるというところから炭素系の生物が栄えるというわけです。体内電流が、電池と同じように1・5ボルトというのは、この宇宙でエネルギーが効率的に動くことができる炭素系の生物として我々が存在しているという自然の帰結なのです。

さて、1・5ボルトの生物である我々のそばには家庭用でも100ボルトの電流が流れている。そこから発生する電磁波の影響を受けるのは当然です。血流が速くなりすぎたり滞ったり、脳内の電気信号・磁気信号が乱される。だから、電磁波の影響に注意しなくてはならないのです。磁気ネックレスで肩こりがよくなることもあれば、携帯電話の電磁気が脳に悪影響がある（イギリスでは子どもの携帯利用を制限しています）という具合です。

地磁気はとても弱いのですが（東京で4500ナノテスラ）、それでも方位磁石の針を動かすくらいの力はあります。そうした磁気の中で我々は微弱な生体電気と磁気で思考し判断し運動して生きている。外部の磁気の変化に大きな影響を受けて生きているのです。

強い電磁気にさらされると混乱して情報処理ができなくなるのです。思考ができず決断ができない。そして、左側の前頭葉が育たないから、幸せ感が得られないということです。うつ病の人は左側前頭葉の機能が弱っていると言われます。生きている幸せ感がなく育つと、生きていることを確認したいので、刺激を求める。ゲームにハマったり、ひどいときは殺人で刺激を得る欲望が生まれる。強い磁気にさらされて暮らす危険性はもっと意識されてよいと思います。

こうした電磁場の乱れをもたらすのが生活の中の電磁気であり鉄なのです。鉄が身近にあるとその周囲には磁気が生まれ、我々はそれにさらされて暮らすことになります。ですから、できるだけ電気や鉄から離れた生活がよいということになります。

アウトドアライフを求めたり、グリーンツーリズムに出かけたりするのも、強い電磁気にさらされ乱れた体内電流をリセットするために行くのです。ガイアとよばれる地球自身が生き物として磁場を持って生きているわけです。それと共鳴することがとても癒しになる。

また、生き物と触れあうとセラピーになるというのも、生き物の電位と共鳴しあってリセットされるせいでしょう。

我々は非常に微妙な電磁気の影響の中で生きている。その影響は大きく健康や思考を左右している。

キャラハン博士との出会いで教えられたことをきっかけに、僕の電磁場が生命や人間に与える影響の大きさを、はっきりと意識するようになりました。新得農場では生活と生産の環境を電磁場的に整えて、よりよい環境の場にしています。

鉄の文明から生態系の文明へ

僕は、鉄を基礎にした現代文明は、大きな生産力も生んだけれども弊害も多いと考えています。鉄は命のエネルギーの循環を狂わせていると考えるからです。そして鉄文明の発展したものとして機械文明があります。

そもそも鉄を基盤とした機械文明というのは放出型（拡散型）のエネルギーのシステムです。対する命や生態系（生のシステム）は合成型の吸引式のエネルギーのシステムです。生態系の基礎にある植物は太陽のエネルギーを吸収して、有機物（でんぷん質）を合成することです。そして、そのでんぷん質が全ての微生物から生き物、人間の生きるエネルギーになっていくわけです。だから命というのは吸引型・合成型のエネルギーなのです。

一方の機械は放出型。生態系からはずれて地中に蓄積された石炭、石油などの化石燃料を燃焼＝酸化させてエネルギーを取り出し動いています。燃焼により二酸化炭素となって大気中に放出されますが、それを取り込んでくれるのは生態系のシステムである植物です。しかし、植物が取り込める量をはるかに超えて放出されると大気中の二酸化炭素（CO_2）濃度は高くなってしまいます。

さらに、鉄の文明の最先端には原子力利用があります。人類が少し賢くなって物質の成り立ちを知り、核分裂を起こさせてエネルギーを取り出そうという原発が生まれた。地下から掘り出され濃縮された放射能物質が私たちの生活圏を汚染し続けています。いまは、ウラン原料ですが、この先には水素と水素をぶつけてヘリウムを作る核融合が考えられている。これはあらゆる災いが放出されたというパンドラの箱かもしれません。兵器利用を含めて、これほどのエネルギーを人間がコントロールできるか疑問です。

こうした、拡散型のエネルギーはもともとエネルギーのもとになるものがどこかに常にあるわけです。それを取ってきて、分解することでエネルギーを一方的に拡散させて利用しようというものです。それは放射性原料にしろ化石燃料にしろエントロピー的に拡散してこの地球環境を汚していくわけです。

ところが、太陽光をもとにした吸引型エネルギーである生態系は環境を汚さない浄化型なのです。

最初、地球ができ上がったとき、酸素はありませんでした。最初に出て来た生命は酸素を必要としなかった。そこにあるイオウだとか酸化物が代謝していくという過程を有機物の中でやりだして酸素を外に捨てた。それが古生代と呼ばれる時代です。

この代謝にはいろいろな種類があって光合成もその一つでした。葉緑素による光合成を植物が盛んに行うようになる。その結果、空気中に20数パーセントという酸素が溜まる。おかげで酸素で有機物を燃焼させてエネルギーを得ることで動き回ることができる動物を作り出した。その究極のものが人間です。

これら、動物を支える植物は生命が吐き出す二酸化炭素を浄化してくれます。吸引型のエネルギー系の植物は根をはらなければならない。大地の地球と土とコンタクトしないとその吸引型のシステムが作動しないという仕組みになっているのです。そうして、拡散と吸引・合成のバランスがとれた循環するシステムとなっています。

これに対して、鉄の文明はというと循環がない。一方的に酸化物をものすごい勢いで環境に放出している。

ですから、便利な鉄や機械ですが、本来的に循環型である生命とは別の、拡散型のエネルギーシステムに属するものなのです。我々は鉄の文明を捨てることはできません。しかし、その害毒を十分に知って使っていくしかない。そして、次の循環型のエネルギーシステムへ軸を移すことを模索すべきだと思うのです。

この考え方は飯島秀行（フリーエネルギー研究家・故人）さんに影響を受けたものです。

「新月の木」の不思議・天体運行と電磁波

こうした、宇宙における天体の運行が、地球上の動植物や人間に与える影響については、以前から僕のテーマでした。そうして知ったのが「新月の木」の存在でした。

２００３年に、僕は帯広で開催された「新月伐採木の全て」というシンポジウムにパネリストとして参加することになりました。シンポジウムはドイツでベストセラーとなった『木とつきあう智恵』（宮下智恵子訳、２００３年、地湧社）の著者エルヴィン・トーマ氏の来日を記念したもので、２日間にわたりトーマ氏の講演会やワークショップが催されました。

オーストリアの営林署員だったトーマ氏は「新月の前に伐った木は燃えないし、腐らない、虫もカビもつかない。割れにくいし、狂いにくい」という性質があることを知り、「月のリズムに合わせた」材木の加工法で事業家に転身し大成功をおさめています。「新月の木」はチューリッヒ大学でその内容の一部の正しさが実証され、オーストリアの森林局は、月齢に合っているかどうかを木材の証明書に明示するようになったというのです。

シンポジウムへの参加をきっかけに、僕は「新月伐採」に興味を持ち、２００４年に設立されたＮＰＯ法人「新月の木国際協会」の活動に本格的に関わるようになりました。

「新月の木」の不思議な性質についても電磁波が関係しています。

新月というのは月が地球から見て太陽と同じ方向にあります。太陽の光の陰となる側を地球に向けているので、月が真っ暗に見えるのです。

「新月の木」は、新月になる前の時期に伐採した木のことです。つまり、新月に近くなると、月が太陽と地球の間に入り、太陽風が月に邪魔される形になって、それ以前ほど十分に朝日の側に届かなくなります。太陽風の圧が弱まれば、朝日の側で磁束の縮まり方が以前よりもゆるくなります。新月には、朝日による電位の上がり方が落ち、植物を成長させる酵素活性も落ちます。細胞をつくる速度にぐっとブレーキがかかり、成長がストップする。それが新月の前の樹木の状態なのです。

この時期には多くの細胞を作らないため、養分を含んだ水分を、導管を通して吸い上げなくてもいいので根に下ろしている。生物化学反応が落ちているということは、逆にいえ

新月前の月と地球の関係

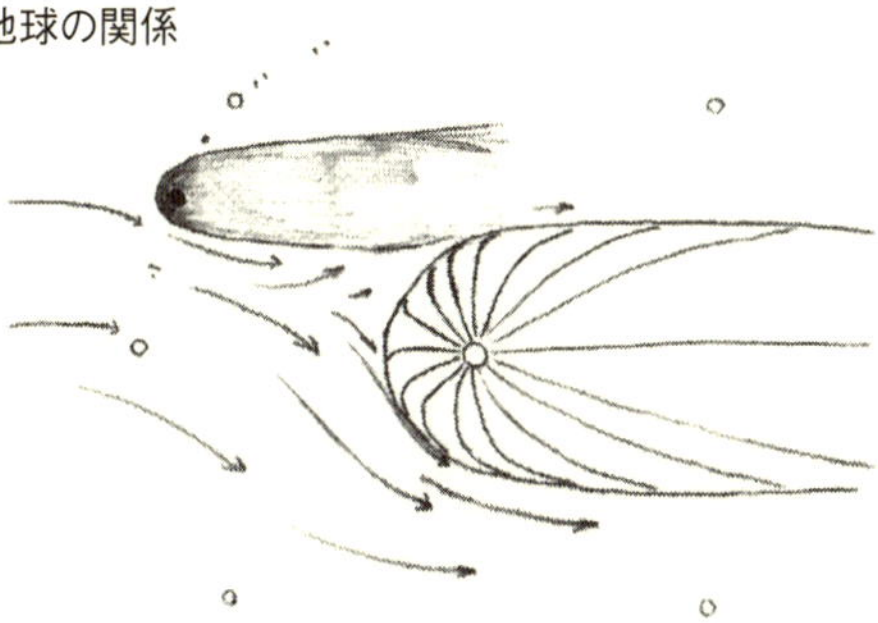

新月時の月と地球の関係

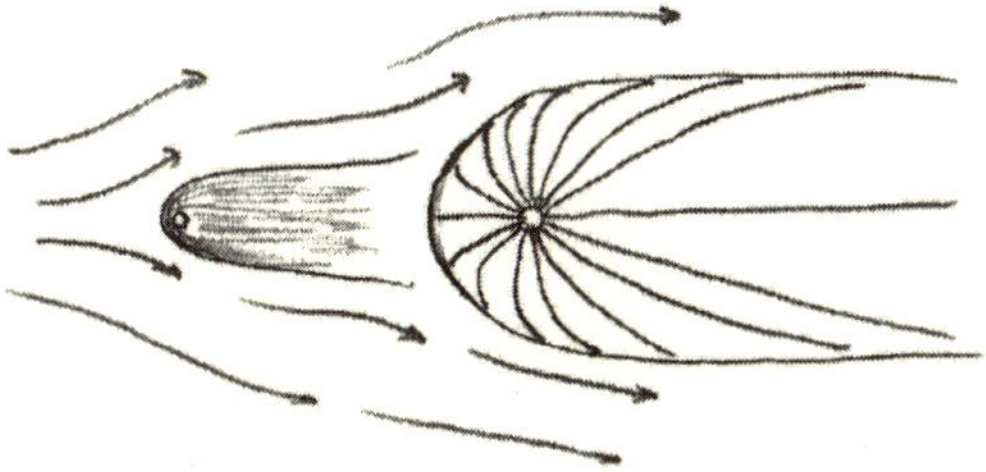

新月後の月と地球の関係

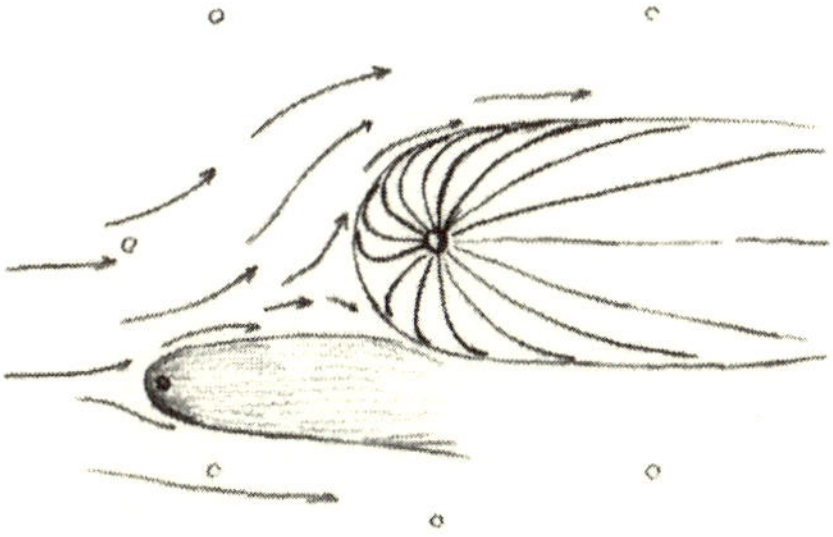

ば腐敗も進まないということです。そして、そのときに木を伐採すれば鮮度が保持しやすいのです。

新月前に伐採された木はまだ生命活動を続けており、新月を過ぎると、懸命に導管の脇に貯められた栄養素を枝へ送って芽を出し、葉を繁らそうとします。この時に急激にパワーアップしたエネルギーを受けると、木の中にデンプン質として蓄えられた栄養素は、若干導管の中に残った水分に溶け出し、枝葉にどんどん運ばれるのです。

すると、カビや虫の餌となる栄養素が幹から急速に失われます。結果的にかびにくく、虫の付きにくい木となります。だから伐採後は、栄養素をどんどん吸い上げさせるために枝葉を付けたまま倒しておく必要があるのです。いわゆる葉枯らしです。以上が新月伐採木のプロセスです。

この「新月の木」は、弟の信が主宰している信州・真木の共働学舎でも実際に始めているところです。日本の林業は厳しい状況にあると言いますが、新月の木の「割れにくい」「丈夫で長持ちする」という高付加価値の製品を生み出すことができると思っています。

「バイオダイナミック農法」(シュタイナー)の採用

現在、新得共働学舎では、バイオダイナミック（ビオディナミ）農法という完全有機農法を全面的に取り入れつつあります。思想家ルドルフ・シュタイナーが創始した、生命活動と一日の光と水の変化を農作物の育成に取り入れた独特の農法です。

バイオダイナミック農法では、金星や土星といった太陽系の天体の動きが作物に影響を与えることが前提となっている。なかでも月は、地球上の生物の生殖作用に強く働きかける力を持っているとします。

また、たとえば土壌を浄化し、活性化するために作る牛フン調合剤の製法は一見、突拍子のないものです。雌牛の角に牛フンを詰めて土中に埋め、一冬越した後に取り出して、かき混ぜて水に溶かします。そのかき混ぜ方も独特で、急速に渦巻きを作っては止め、逆方向にかき回して泡立てるのです。そうやって作った調合剤を畑に散布します。

独特の方法論を持つこの農法に出会ったのは、１９８０年代だから30年くらい前のことです。ニュージーランドを訪れた時、一人で一度に２６０頭の牛から搾乳している酪農家がいることを知って驚かされました。バイオダイナミック農法を導入してから牧草の生育がよく、乳房炎をはじめとする牛の病気が激減したため、一人で大量に搾れるようになったというのです。

僕たちは以前から質のいい食べ物を作るために自然農法を探求してきました。日本では岡田茂吉さんや福岡正信さん、そして、最近よく取り上げられる青森の木村秋則（奇跡のリンゴ）さんらが提唱されてきた農業があります。しかしここでひとつ困ったことがありました。彼らの自然農法で重視する有機物の循環には、家畜のフンは含まれないのです。一般に自然農法では、土を冷やすからと、家畜のフンは土に入れません。しかし僕たちは牛を約１００頭、豚は40～50頭、鶏も羊も飼っています。動物たちの排泄物をきちんと良い土に戻していく技術がなければ農場は成り立ちません。

そこで僕たちは、自然農法の中でも、牛フンが土作りに一番いい材料だと唱える、バイオダイナミック農法を取り入れることにしました。なぜ牛フンが土に良いのでしょう。反すう動物は、人間が消化できない繊維質までを消化することができます。その中でももっとも消化管が長いのが牛です。牛の消化管は、人間が分解できないセルロースやリグニンといった物質を分解する酵素を出します。その酵素が、繊維質をうまい具合に土に戻していきます。

また最近、リグニンやセルロースは一つ一つのセルがつながっていて、この構造が、発酵菌が吸収するものをそろえるのにとても良い型であることがわかってきました。これを

バイオダイナミック農法の調合剤作り

腐敗菌でばらばらにしてしまうと型が壊れてしまい、発酵菌がうまく生きられない。堆肥作りで、腐敗菌が熱を急激に上げてしまうことがありますが、それでは良い堆肥はできません。しかしこの方法を使えば、牛フンをきちんとした土に戻していけます。

２００７年には、この農法によるワイン製造で国際的に著名となったニコラ・ジョリー氏を訪ねて対談する機会がありました。彼の経営する「クール・ド・セラン」というワイナリーのナンバー１白ワインは、ワイン評論家のロバート・パーカーが「ロワールのモンラッシュ」と評価した人気ワインです。その農場はバイオダイナミック農法で営まれいます。

彼の畑はロワール川に面した急斜面の北側に位置する東面と南面にあり、理想的な圃場（ほじょう）でした。辺りには石がごろごろと転がっていました。急斜面で太陽のエネルギーを受けるとともに、それらの石がそのエネルギーを保有して照射する仕組みです。インカの古代都市で利用された農業技術がここでも応用されていたのです。

バイオダイナミック農法はヨーロッパ中世から伝統的に引き継がれ、現代では途絶えつつあった農法を再興したものです。その農法から、世界3大白ワインの一つとなる名ワインが生み出されたのです。チーズとワインは発酵がポイントとなる点で非常に似ています。僕たちもさらに高品質で高付加価値の産物を生産するために、この農法を取り入れることにしたのです。

なお、バイオダイナミック農法を実践する農家は日本でも少しづつ増えています。そして、公式的な方法を踏襲している方が多いようです。僕は、バイオダイナミック農法も電磁波の作用を上手に利用したものだと考えています。

ちなみに、ジョリーさんは、「バイオダイナミック農法のワインは多様性を大切にしていて、地球の生命力学（Vital Machnanics）に基づいた全体の調和を目指したもので、おいしいという価値基準から造り上げられたものではありません。ビオディナミでできたワインは、必ずしもおいしいというのではなく、常に〝本物〟であるということです」と語っています。これは、新得共働学舎の思想と大いに一致します。

エネルギーの循環する最高の環境を整えよう

繰り返しますが、人間を健康にして人間関係のハーモニーを作るには、環境を最高に整えることです。最高の環境とは何か。まずきれいな空気が大切。もうひとつは水です。命の波動に共鳴した水がいい。例えば、それは子宮の中の環境です。女性は命の芽生えた最初のところのずっと10カ月、水を内包しています。

前述しましたが、我々炭素系の生物であって、子宮も1・5ボルト電位があり、その中に10カ月いるわけです。その中で体も脳も作っていく。母親のメンタルな状態で変わりますよね。元気であれば最高1・5ボルトの理想値が保てる。ただ、いろんな物質が体内を構成しているのだから、1・5ボルトと表現できないかもしれない。最大で1・25ボルトという学者もいる。

1・5ボルトはどこからきているか。もっともオーソドックスな乾電池は単一、単二、単三、単四、全部1・5ボルトです。あの真ん中の黒いプラスの電極につながっている棒は炭素棒です。炭素がマイナスの電気を引きずり込む力が1・5ボルト。我々は炭素系の生物だから1・5ボルトの電位を持つことになる。できるだけ電位が高いほうが有利です。エネルギーが高いほうが新陳代謝がスムーズにいきます。生命力が旺盛な子供は電位が高いわけです。

特に体を休めるとき、寝るとき、その環境が子宮と同じ、1・5ボルトだと理想的です。そして、地球の呼吸と連動させるのがいいのです。それが炭埋なのです。1・5ボルトでその場を作っていく。そういう場を作っていくことが最高の環境作りになる。炭埋は外気のエネルギーの変化をちゃんとトレースして表現してくれるのです。一定の電位のまま変化がないと、午前中に分解をし、夜に組み立てるというのはしづらい。体の補修をしづらい。脳を集中して働かせるというタイミングを作りにくい。炭埋はそれを合わせそれを演出してくれる。

ところが、鉄は中に電子を通して逃がすのです。その場の電位を下げてしまうのです。だから、鉄筋や鉄骨を僕は避けてきた。それに、いまや電位を乱す携帯電話、ケーブルテレビの線などが身近なところにある。これらのせいで免疫力が低下している。だからやたらと消毒しなければいけなくなっているのです。

しかし、過剰な消毒は無用なものです。多種多様な菌はそれぞれ波長を作っている。いわゆる悪玉菌と言われる菌も役割を持っている。菌そのものが波長だから。細かい波長を共鳴させ、複合波を作っていくことによって、生命体の合成、発酵の場が作れる。いい菌も単体だと同じ波長だから複合波は作れない。ヨーグルトの乳酸菌は単体ですが、それよりも複合的な菌で発酵をさせているチーズのほうがずっと免疫力が高いのです。

【コラム】カタカムナと電磁気学

炭埋について日本でのパイオニアは楢崎皐月です。彼は、昭和22年に六甲山中で、平十字という仙人のような人物に出会い、「カタカムナ」という文字で書かれた文書を授けられるという体験をしたといいます。あまりの奇妙奇天烈な主張に普通の人には理解不能です。

僕としては、カタカムナはあっさり言うと「宇宙の響き」であり、電磁場的なエネルギーを表したものだと思います。そして、エネルギーの生き物の営みがつながっているとカタカムナ文書は言っているのだと思います。基本的にその考え方は僕の考えの基になっていますし、いまも納得するところが大いにあります。

第三章　共生：『もののけ姫』に読む〈鉄とチーズ〉

映画『もののけ姫』に僕は多くのことを考えさせられ、インスピレーションを受けました。映画のテーマは、「自然と人間」のあるいは「人間どうし」の「共生」は可能かということです。共働学舎も、障がい者とそうでない人との共生、自然と人間文明との共生が追求されている場で、問題意識において共通するところがとても多いのです。また、同作品に描かれたタタラ製鉄と牛の姿からも多くのインスピレーションを得たのです。

『もののけ姫』のストーリー

『もののけ姫』（宮崎駿監督、２０００年）は宮崎駿監督がさまざまなテーマを詰め込んだ複雑なドラマになっています。中でも大きなテーマは文明の発展と自然との相剋の歴史の中で、人間がどうしていくかです。ストーリーを簡単に説明しましょう。

時代は室町時代。エミシの地（東国）で育った少年アシタカは、村を襲ったタタリ神を退治する際に、右腕に死の呪いを受けてしまいます。タタリ神は鉛の玉を撃ち込まれたイノシシでした。その呪いを断つために、アシタカは西へと旅に出ます。

西の国では、アシタカは森を切り拓いてタタラ製鉄をしている村に着きます。そこを治めているのはエボシ御前という女でした。エボシたちは鉄を作るために自然を破壊し続け、〝もののけ〟たちを追いつめていました。森の中で山犬に育てられた、もののけ姫＝サンは森を侵略する人を憎み、乙事主というイノシシの神を中心にした森の獣たちと共にエボシたちに戦いを挑みます。

アシタカは両者の調停を図ろうとしますがうまくいきません。そして戦いの中で、生命と死を司るシシ神という霊獣の首を巡る奪い合いがあり、最後には大爆発が起こり辺り一面を破壊します。しかし、ラストでは一度枯れ果てた大地に緑が甦り、アシタカは生き残った村の人々と一緒に生きていくことにすると決意する。こういうストーリーです。

結局、一連の騒動が終結し物語が最後になっても、解決策は示されません。アシタカも調停者とはなりえず、村を出るときに許嫁（いいなづけ）からもらったお守りをサンに渡してしまう。「サンは森で生き、わたしはタタラ場で暮らそう」と言い、東国にも戻りません。心は自然にあるけれど、アシタカは人間文明の世界で生きるしかないということでしょう。

これは、鉄の文明を知ってしまった以上、もう自然には戻れないということを示しています。

日本人は八百万（やおよろず）の自然神がいるアニミズム的世界観を心に持っています。だから自然へのあこがれがあり、魂のあるべきところ、いのちの循環を自然の中におくことで救いを求めています。しかし、自然が何ものであるかはわかっていない。そんな構造も宮崎監督は描いているのです。

文明と自然の相剋の問題は、簡単に解決できない。もう引き返すことはできないかもしれません。人類は死滅への道を進んでいるかもしれないが、解決策は見い出せていないことを示しているのかもしれません。

アシタカ（エミシ）・サン（自然）・エボシ御前（人間）の象徴するもの

この映画はファンタジーですから、実在しない動物が出てきたり、史実とぴたりと合致するわけではありません。宮崎駿さんは、歴史学者の網野善彦さんの歴史学を参照して重層的に時代と地域を自在に組み合わせて日本の姿を描いているので、いろいろな読解が可能です。それでも日本史を重ね合わせることがある程度できます。登場人物の設定はこんな感じです。

アシタカはエミシの国で育ちます。エミシの国は縄文の系譜を強く引き継いだ関東から東北にかけての東国のことでしょう。それに対して、戦いが繰り広げられた西の国は、渡来民の系譜である西日本のどこか。多分、タタラ製鉄が盛んだった中国地方山間部のどこかでしょう。

サンは犬神に育てられた自然と一体化した女戦士です。彼女は一連の物語が終わっても、あくまで人間の世界で生きることを拒否します。仮面や化粧に見られるように縄文の象徴として描かれています。

そして、エボシ御前。彼女は、文明の最先端技術であるタタラ場の生産力を背景に、権力から自立した山の中の村を築いています。そこでは虐げられた女たちが生産の中心で、病者も庇護されています。また、海外から最新兵器である石火矢という火砲を導入して自分たちで生産もしている。周辺からタタラ場を奪おうとする侍たちからの侵略には敢然と立ち向かう。アジール（無縁所）である共同体を築こうとします。村を守るためにジコ坊たち朝廷権力の手先とも取引をしています。このジコ坊というのは朝廷につながる師匠連という組織の末端に属するのですが、中世の非人といわれた人々をモデルに描いています。物語の中では、単なる悪役ではなく最後までどこか憎めない役になっています。

タタラ場の描写に鉄とチーズの文明史を見る

僕がこの物語で注目したのは、金属と牛でした。

まず、アシタカが死の呪いを受けるのが鉛の弾丸でした。そして、タタラ場（製鉄所）の村には、病気の人々が庇護されていて、石火矢という火筒を作っている。これは、鉄（金属）の文明の象徴しているのだと思います。宮崎監督は、この病気の人々はハンセン氏病の人たちを描いたと語っています。

僕の解釈では、彼らは鉄の文化で免疫力を低下させて衰退させられた縄文系の人々ではないかと思うのです。生命において鉄が電磁気的に悪い作用も及ぼすことが多いというのは、本書の第二章で述べたとおりです。そのため、新得共働学舎では、建物などにできるだけ鉄を使わないようにしてきています。

もののけ姫のタタラ場は森林伐採などの自然破壊と共に、鉄文化の便利さと引き替えに人間の健康を損なうものとして描かれているのだと思います。

タタリ神とは何か？　僕は病原菌だと思います。大腸菌は鉄分とブドウ糖があると、とめどもなく増える。大腸菌というのは細胞膜の構造から別の微生物やウィルスの病原体をもらいやすい。もともとは大腸菌は他の微生物と共存する微生物です。なのに他の菌から毒性をもらい、O－157とかO－62とかの病気を突発的に起こすようになる。ちなみに、大腸菌は遺伝子組み換えに使います。というのは繁殖率が非常に高く20分で1回分裂するのです。1時間で2の3乗倍、1日で2の72乗倍（約47垓倍）になります。

人間の体の中で、大腸菌の増殖を押さえ免疫的に制御するのが乳酸菌です。これはヨーグルトメーカーが盛んに宣伝しています。ちなみに漬物やチーズなども乳酸発酵を使っているのです。とにかく、鉄と身近に接すると、その電磁気の影響を受けることで、人間は悪性の大腸菌の増殖が盛んになり病原菌に侵されやすくなります。これに対抗するには、乳酸発酵の食品を食べて腸内で乳酸菌を増やさなくてはいけない。だから、後述しますが、鉄の民は同時に乳の文化を持っていたのです。

もののけ姫の中ではタタラ場の村へ荷物を運ぶシーンで牛が登場します。牛は単に運搬力として飼われていただけでなく、乳も採ったはずです。そして、描かれてはいませんが、発酵させて乳製品を食べたのではないかと推測します。日本には鉄と乳酸発酵食品が共に大陸由来で渡来人により一緒に伝わってきているのです。弥生人など渡来系の人々は、乳酸発酵食品を知っていたから鉄の災い（タタリ神）から体を守ることができて、アシタカのような縄文系の人々を圧倒することができたのです。

鉄の桶が象徴する原子力

もう一つ鉄が象徴するのが、シシ神の首を入れた鉄の桶です。これは原子力発電所あるいは火力発電所のシンボルでしょう。実際、原子炉は圧力容器も格納容器も鉄でできています。

そして自然界の究極のエネルギーと言うべき原子力を、鋼鉄製の原子炉に封じ込めることができなかった。それは福島第一原子力発電所事故でおわかりのとおりです。一方で、鉄釜の中で生み出された原子力発電や火力発電が現代の便利な生活を支えています。

朝廷につながるジコ坊たちは、ジバシリという不気味な秘密部隊を率いて、宇宙の摂理もしくは宇宙の根元的なエネルギーそのものであるシシ神の首を奪おうとする。シシ神の首には不老長寿を得られるパワーがあり、権力者は師匠連という組織を通じてジコ坊らに奪取を命じているのです。彼らはシシ神の首を鉄釜に封じこめようとしますが、失敗し爆発してディダラボッチの黒いドロドロしたものがあたり一面をおおう事態になります。

これは、映画が公開された15年後に起きた3・11を予見しているのです。我々の便利さや文明生活の保証は、いのちの保証と引き換えに鉄桶の中に収められていたのです。

鉄とチーズはメソポタミアで生まれた

『もののけ姫』のタタラ場に、僕は鉄と乳の文明を見たわけですが、そもそも、鉄の文明の発祥の地とチーズの発祥の地は同じなのです。

鉄の文明の発祥地はメソポタミアです。これは同時にチーズの発祥の地でもあります。鉄の精錬技術を最初に作ったのはメソポタミア南部に存在した最古の都市文明・シュメールではないかと言われています。そのシュメールは忽然（こつぜん）と姿を消しています。あるいは、鉄の便利さを知って使いすぎた結果として、害毒にやられたのかもしれません。

そのシュメールの製鉄は、遊牧民により家畜文化と一緒にユーラシア大陸に広まっていった。この過程で鉄の害毒を中和していくのに乳文化との組合せが生まれたのではないでしょうか。「ラクトフェリン」を含むチーズやヨーグルトなど乳製品には鉄と接触したときに人間にもたらす害を軽減する作用があるのです。乳文化と一緒になったおかげで安定して製鉄ができるとしてセットで伝播（でんぱ）していったのではないかと推測されます。

ちなみに、乳酸発酵を利用する乳文化には二つの種類があります。レンネット（子牛などが母乳の消化のために胃でつくる酵素）を利用してチーズを作る文化と、乳酸発酵でヨーグルトまで作る文化です。インド亜大陸などでは、ヨーグルト文化はありましたが、レンネットを利用したチーズ文化は生まれていません。ちなみに、インドも、シュメールほどではありませんが、製鉄を古くから盛んに行っていたそうです。この2つの乳文化の流れについては現在、研究が進みつつあるようです。

常磁性をたどって日本まで続く鉄とチーズの道（蘇（そ）と醍醐（だいご））

シルクロードを伝って日本まで製鉄が伝搬するわけですが、同時に乳文化も伝わってきた。シルクロードの道はオアシス伝いなわけですが、これは常磁性の高い、地球上のエネルギーラインと重なっています。常磁性が高いということは電位が高く、電磁的なエネルギーが水を集め、水路（みち）を作るということです。つまり、オアシスになりやすい土地になっているのです。そして、このシルクロードを乳の文化も伝わってきたわけです。

そして、シュメールから鉄とチーズの文明を携えて常磁性の高いルートをたどっていくと海に出ます。そこを渡海して着いたのが古代の日本というわけです。天皇家に代表される渡来の人々が、鉄と乳文化を携えて日本にやって来た。日本の朝廷は宗教的に南方から伝来した稲作文化を象徴する祭祀も行ってはいますが、どこか北方のシルクロード的な文化テイストも感じられます。北方起源の先祖からの文化を引き継いでいる面があるように思えるのです。

日本に鉄を持った渡来文化が入って来て、縄文文化は圧倒されて滅んだ。縄文文化の影響を色濃く残した東国の蝦夷（エミシ）文化は西国の朝廷に長く抵抗しますが、徐々に敗退していくわけです。

そして、古代日本では大和朝廷は先述したように乳文化を持っていた。五味という言葉があります。乳（にゅう）・酪（らく）・生酥（せいそ）・熟酥（じゅくそ）・醍醐（だいご）という順番で極上の味わいを表す言葉です。これは、乳から醍醐までの乳製品の熟成の順番でもあるわけです。これらはレンネットは使われていなかったようです。仏教の悟りの境地を例える言葉としても使われています。ちなみに、日本へ中国・朝鮮経由で渡来した仏教もシルクロード経由で伝わってきています。

小林恵子（やすこ）さんは『本当は怖ろしい万葉集』という本で有名ですが、『小林恵子・日本古代史シリーズ・継体朝とサーサーン朝ペルシア』（現代思潮新社）という著書があります。その中で述べられているのですが、７２２年（養老６）に太宰府から70壺の蘇（酥）を朝廷に薬用として献上されていたとあります。ほかに日本全国の47カ国からそれぞれ最低でも10壺から20壺が献上されていた。

さて、この1壺は10升です。１升（1・８リットル）の蘇を作るのに10倍の10升（18リットル）の牛乳がいる。つまり蘇1壺には１００升（１８０リットル）の牛乳がいるわけです。70壺というのはその70倍。約1万２６００リットル（12・６トン）の牛乳が必要になります。いまの牛で計算すると18リットルとか倍の36リットルは取れます。つまり、蘇10壺は、今の牛で１日18リットルとして牛７００頭分になります。

しかし、その当時の牛は4～8リットルくらいだったとすると、蘇70壺を何日分かのミルクで作ったとしても、太宰府（九州一帯）に１０００頭以上の牛がいたと推測できます。そんなに大量の牛がいて牛乳が生産されていたというのです。西国では古代は輸送手段として牛車が盛んに使われている。「もののけ姫」でもタタラ場へ向けて物資を運んでいるシーンにも描かれています。

これらの蘇は薬用として献上されています。乳（にゅう）の中には免疫物質があるのです。特に重要なのが、鉄の化合物であるラクトフェリンです。ラクトが乳で、フェリンが鉄です。これは鉄の吸収をコントロールをする物質です。なぜかというと、鉄は自然界にありふれたもので、身体には必須のミネラルではありますが、同時に免疫力を下げ細菌感染の原因となります。哺乳動物の赤ん坊は免疫力をつけるためラクトフェリンを体内に吸収するようになっています。

残念ながら、ラクトフェリンは熱にあまり強くない。しかし、発酵させることで、ある程度熱に強い形になります。冷蔵庫がない時代ですから、熱を加えて分離させてラクトフェリンを摂取したのでしょう。いまサプリメント錠剤でラクトフェリンが売られています。強力な抗菌活性があり、ウィルスにも効果があるのです。とにかく、抗酸化作用や免疫系への効果など、薬用という面で優れものなのです。

古代日本の渡来系の人々は鉄の害毒に対抗するため、発酵乳の形でラクトフェリンを摂っていたのです。後述しますが、ジャレド・ダイアモンドはヨーロッパ人が世界を征服した理由の一つとして、疫病への抵抗力を備えていたことを挙げていますが、僕は彼らが乳の発酵製品を持っていたからだと思うのです。

鉄で満たされた環境にいる都会の人はもっとラクトフェリンを摂らなければいけないのです。ちなみに、僕らの作っているチーズは低温殺菌の牛乳から作られています。ラクトフェリンが生きる形で作っている。だから我々は鉄文明から逃れられない以上はラクトフェリンを摂るためにチーズを食べましょうということです。セールストークになってしまうけど、人間の免疫力を維持するものとして、僕らのチーズは作られているのです。僕らは現代人に一番必要なものを作っていると思っています。

こうして見ると、『もののけ姫』のタタラ場の様子は実に興味深いわけです。エボシ御前も牛飼いもタタラを踏む女たちも、濃密に鉄に触れているのに病気にならない。一方で、包帯を巻いたような病気になっている人々がいる。この人たちはエボシ御前に庇護されたハンセン氏病の人々とされています。僕には、縄文系の人々が鉄のもたらす病にやられている姿にも見えます。

このタタラ場で製鉄する人たちの先祖は、シルクロードを通り海を渡ってジパングにやって来た人々でしょう。そこではもともと縄文の人々が豊かな生活を営んでいたのですが、次第に海を渡ってきた鉄の文化が圧迫してしまう。一方、渡来してきた金属・製鉄の民は山に入り、砂鉄や鉄鉱石などを探し求めタタラ場を営んでいきます。牛を連れてきているわけです。山の樹木を伐採し鉄を作り、それを権力者たちに売り、金をもらい、生活する。鉄を作ると同時に、家畜を扱っている。牛が死んだら皮をはいで使う。肉だとか骨を利用する。それは水田農耕を主とする里の民の仕事ではなく、山の民の仕事でした。こうした人々が、仏教思想の流入などとともに穢(けがれ)れ感から差別されるようになったのではないでしょうか。その人たちが、蘇や醍醐などの乳製品も作っていたのではないかと思うのです。記録がないので学者もそのへんは断言しません。

大陸から流れ着き吹きだまった日本人の多様性

もともと日本列島に住む人々は、みな西の方から来ています。東は太平洋の大海原でどん詰まりですから吹きだまります。

たぶん蝦夷（エミシ）と呼ばれる人々は、それ以前からいた縄文人と仲良くやっていた渡来の人々でしょう。その後に来た人々も、神さまが違ったり生活スタイルの違いはあるけれど、仲良くしようというところで、共通した。みんな認めて、違いを超えて仲良くやろうよという歴史だったと思います。

共存を図ることを第一とするというところから「和の国」という発想が出てきたと思いたいですね。「魏志倭人伝」などに倭という呼び名が使われているのは深い意味があると言いたい。何を言いたいかというと、倭（和）とは違いを超えて共通項を認めてみましょうということです。相手を殺してしまわないで済んだ。水と森と海と豊かな自然があって共有できたのではないかという気がします。

世界のいろいろな他の地域を見てみると、そんな甘いことを言っていられない。自分の家族、グループ、民族が生き残るために、侵入して相手を皆殺しにしなければいけないこともあったでしょう。

逆に、日本に流れてきたのは大陸では追われてきた人たちですよね。能力があったけれども、居場所を持てなかった人たちです。もともとこの列島に居つきの人々ではなかったのでしょう。日本人にはこうした雑多な人々が集まり形成された。だから共存する素質があるのだと思うのです。

その時に、共存するために必要なことは何だったのでしょうか。違いを乗り越えて共存するには、発想や生活の中に遊びを持つことでした。遊びとは「神あそび」であり、神＝自然との交流のことです。なぜ遊びを持てたか。それは土台である食料調達、水が豊かで争う必要がなく生活し、自然の恵みに感謝できたからです。それだけ地のエネルギーが溢れた豊かな地域でした。

逆に言うと、マヤにしろ、インカにしろ、ガーナにしろ、縄文にしろ、自然と共存している人々は、自然が持っている力、自然のエネルギー循環を生活の中に生かしていたのです。どうしてそういう発想ができたのかというと、自然をよく知っていたからでしょう。ちなみに、ジャレド・ダイアモンド著『銃・病原菌・鉄』では、こうした自然と共存する智恵の文明が、ヨーロッパ文明に世界史において負けてしまった理由を説明しています（詳しくは179ページ）。

そして、日本の場合は渡来して来た人々は弥生の文化を築くのに縄文の人々からそうした自然とのつきあいを学んだのだと思います。

日本の皇室が日本文化を守ってきたという言い方があります。日本の皇室の祭祀には、弥生的農耕儀礼的なものと同時に縄文的自然崇拝的なものの両方があるのは、古代における共存した暮らしぶりがあったからだと思うのです。

ちなみに、皇室の方たちも共働学舎新得農場のチーズを好んでおられると伝え聞いております。

常磁性の道は新得へ

常磁性のある経路がオアシスでありシルクロードとなって、鉄と乳文化が伝わったのですが、日本に入ってもこの経路は続いています。

大陸の朝鮮半島を太白山、白頭山を通って対馬海峡を渡って来る。大山など中国山地を形成して、北陸では白山、白馬そして日本海側を北上して白神山地。木村秋則さんの「奇跡のリンゴ」農園のある岩木山（弘前）の辺りを通り、イタコのいる恐山を抜けて、北海道では室蘭や洞爺（しこつ）湖、そして富良野へ。新得も通っている。これは、出雲の国を通るのでスサノオのラインといいます。

一方で、大陸では、上海あたりから海を渡って天草、熊本に入り、大分へ向かい佐田岬半島を通り四国へ。福岡正信さんの農園の上も通っていきます。四国山地を通り徳島から紀伊半島へ進み高野山、伊勢へと。そこから富士山をかすめて箱根、丹沢から秩父へ。そして飯能あたりから赤城山、那須と行き、阿武隈山地、北上山地と北上して八戸から北海道の襟裳岬へ。日高山地を進むと、また新得があって、阿寒、知床へと抜けていく。こちらは、天孫降臨の地（日向）や伊勢を通るのでアマテラスのラインといいます。

こうしたエネルギーラインのことを風水では龍脈という言い方をします。

どちらも、大陸から数次にわたりて人々が渡来して来た道であり、神話も携えて来たと思います。

これら高エネルギーの場所からは、常磁性の高い非常に固い石が出土している。磁場が安定したところで石が固まってしまうわけで、地磁気に反応してS極、N極がはっきり出る。もともとエネルギーが高いというのは、地球ができ上がり大陸などの地形ができ上がってきたころから固定しているのです。そこには岩があり、雨として降り地面にしみこんだ水は磁力性によって動かされる。動くということは土を運び出すのです。するとそこに自然に水路ができる。そういう場所というのはオアシスになりやすい。もしくは清らかな水が湧いている。そして、作物が自然と豊かに実る。

人間は砂漠では一日行程で水を求めて移動して行きますから、その点をつないでいくようにしてシルクロードや巡礼の道ができた。そして、神聖とされる土地として神社や仏閣が建てられたというわけです。

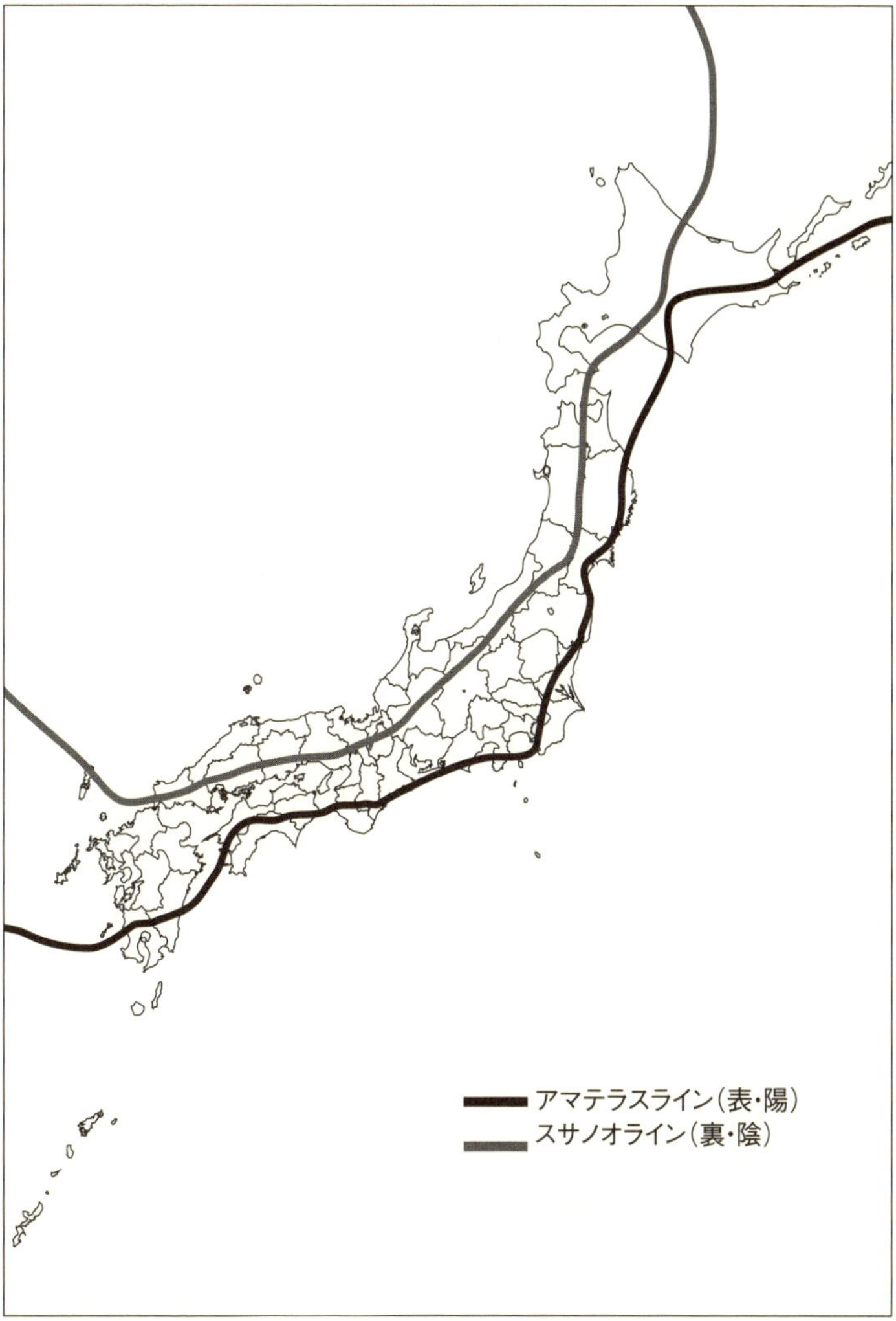
アマテラスライン（表・陽）
スサノオライン（裏・陰）

エネルギーが循環する生きている場所でチーズ作りを

チーズというのは乳という腐りやすいものを発酵の力で保存食にしたものです。だから、もともと殺菌なんてする必要はないのです。ですから、共働学舎新得農場のハード系のチーズ長期熟成タイプは無殺菌で作っています。乳製品だから殺菌が必要だと思われていますが、実は、日本の衛生法基準でも原則として殺菌しなくてもよいのです。ただし、安全証明をする必要があります。

そのため「共働学舎のチーズは味からして無殺菌で作っている。法律違反でありけしからん」という投書が保健所に送られてきたこともありました。

うちは無殺菌にするために、炭埋したり、搾乳室（パーラー）から工房まで高低差を利用して機械を通さずに乳を送る仕組みを整備したり、さらに衛生管理について詳細に記録をとってハサップ（HACCP）という食品加工の基準をクリアしています。つまり、衛生管理さえしっかりしていれば、無殺菌だから法律違反ということではない、と当時の保健所の課長さんが調べて伝えてくれました。それでも厚労省はいまだに「殺菌するほうが望ましい」という言い方で指導を通達しています。

しかし、殺菌をうるさくいわない大昔からチーズは保存食だったのです。ハサップにしても、アメリカが60年代に有人宇宙飛行計画の中で、宇宙飛行士には絶対に食中毒させてはならないということで作られた基準です。かつてＷＴＯで食品の世界基準を作ろうとしたときに、アメリカを中心に無殺菌のチーズを国際的に流通させないとしようとしたことがあります。これに、フランスが猛反対し、こんな論戦が繰り広げられました。

フランス側「あなたたちは、この自然発酵という技術が、乳（にゅう）という腐りやすいものを、保存食としてきたというのを認めないのか」

これを認めなかったら、チーズというのはなかったわけですからアメリカ側も「それは認める」というしかありません。

フランス側「ならば何故（なにゆえ）それを否定して、殺菌が必要だとするのだ」

アメリカ側、「ではどうやって安全を証明するのだ」

フランス側「アメリカでは食品製造・加工で何をもって安全としているのか」

アメリカ側「ハサップだ」

フランス側「では、ハサップでやろう」

フランスはしたたかです。国際的な衛生管理基準が必要であるとして、ハサップとすることを認めた上で、製造の道具が10個しかなければ、チェックポイントは10個しかない。だから、その衛生管理を記録に載せればいいだろうと主張し、認めさせたのです。こうした、アメリカの世界食糧戦略に対抗し、独自の食文化を守る戦いを繰り広げたのはユベールじいさんでした。

僕は、道産品独自認証制度を設けるときの検討委員会にも参加しました。いま北海道の酪農はチーズ作りに活路を見い出しています。そこで、僕らも独自の地域ブランドを作っていかなくてはならない。フランスの農業製品のＡＯＣに当たる制度を自分たちも持とうということです。自分たちの独自性を守り商品価値を高めていこうということです。フランスでＡＯＣのチーズについての基準作りを中心的にリードしたのもユベールじいさんでした。

また、十勝ブランド認証機構を作るときに、ナチュラルチーズでは、ハサップを「乳質規定」や「各種記録簿の記録・保管義務付け」として入れると同時に、生乳１００パーセントを条件としました。つまり、加工乳ではないということを品質の条件にしました。さらに、共働学舎の製品には無殺菌が含まれるというわけです。

新得共働学舎ではメンバーの特性からして、効率化による大規模な生産は無理です。また、すばやく流行を追うような商品も無理です。そのために、じっくり時間をかけて丹念に手入れして熟成させていくチーズ作りを選んだのです。さらに、チーズを作る環境自体をよくすることで、高品質で味わいのあるものを生産することを目指しました。

まず、乳牛はチーズ作りに適した乳質のブラウンスイス牛を導入。さらに有機農法で牧草を育てて餌から乳質をよくしています。また、農場の各所に炭埋して、エネルギーの流れをよくしています。このため、人間も牛も健康な状態が保てます。また、熟成庫は遠赤外線効果のある札幌軟石で建てて鉄骨は使っていません。

つまり、生産する環境全体がエネルギーの流れる場所となっているのです。さらに、桜の花、笹、日本酒など独自の発酵に影響を与える素材を組み合わせてオリジナルなテイストを開発し続けています。

電磁波（電気＋磁気）の「気」に敏感だった日本人（古武道）

日本には「気」を使った言葉が多いですね。天気、空気、気持、気分、雰囲気、気遣い……そして電気、磁気。日本は言霊の国ともいわれますが、同時に〝気〟の国でもあります。僕は、日本人は電気や磁気に敏感だからだと思うのです。脳や体を動かしているのは、前述したように体内電流と体内の磁気作用です。

そして、日本の武道、特に古武道と呼ばれるものは、気の働きを重視しているものが多いと思います。

例えば、合気道の名人が少し触れただけで大男が吹っ飛んでしまったり、場合によっては壁越しに投げ飛ばすことすらやってしまいます。これは、人間の体内に流れている1・5ボルトの体内電流が、細胞単位で直流に繋がったらとてつもない電圧になる、その瞬間的な電圧による作用ではないかという仮説を立ててみると説明がつくように思えるのです。

このように、電磁気に敏感な日本人は、互いに電磁気を感じ合いながら互いを認め合う力に優れているのではないかと思うのです。

つまり、「気」とは人間の体を流れる体内電流と磁気のことだと思うのです。

我々は炭素系の生物で体内電流はおおよそ1・5ボルトです（実際には、人間は有機物でたくさんガスがくっつくので、1・5ボルトまではいきません）。生まれたときには生体電気の電位が高くて、年を経ると低くなってゆきます。そして理想値は1・5ボルトです。

細胞それぞれが電位を持っているのです。そして、電流にともない発生する磁気は、普段はN極とS極の向きがバラバラで、打ち消し合って極端にボルテージが上がらないようになっています。ときどき、僕はボルテージがあがるのですが、そういうときはどうなっているか。細胞の電位と磁場が直列や並列に揃っているのだと思います。直列につながると細胞1個で1・5ボルトなのが3、4、5、6……とつながり、細胞何万個もつながったら、それこそ何万ボルトの電圧になっているというわけです。

これを意図的にできる人もいます。合気道で触れただけで、相手を吹っ飛ばす達人がいますが、この原理を使っているのだと思います。それをコントロールするのが意識です。忘れているけれど、みんな体の中には気（電磁気）が充満しているのです。

こうした生体電流の流れのよい「生きている場所」でないとよいチーズは作れない。また、そこで働き暮らす人も幸福になれない。

生きている場所とはどういうことか。見つけるヒントは水の流れているところでしょう。エネルギーが流れているところ、生きているというのは水が流れているごとくエネルギーが流れていることです。流れている水は腐らない。澱んだ水は腐る。よりよく生きるにはこの命を生かす場が必要なのです。鉄がそれを乱しているから、鉄との接触はできるだけ避けたいのです。

命の流れる場所では健康も維持されます。人間にはもともと細胞が60兆くらいあるけれど、僕たちはその10倍くらいの６００兆個の微生物と共生しています。

それは善玉菌、日和見菌、悪玉菌そして非共生的菌は数は少ないのですが、これらが共生している。毒素を持っている悪玉菌も必要だからいるのです。

エネルギーの循環がよければ、さまざまな微生物がバランスよく働き、その中で善玉菌が悪玉菌から体を守り免疫力を維持してくれる。体内の電位が１・５ボルトに近ければ、拮抗作用というのですがコントロールが働いて、微生物のバランスがよくなり病気が発生しないのです。

ところがそこにストレスがかかりコントロールができなくなると、悪玉菌が跋扈して病気になったり死にいたる病に罹ったりします。

つまり、環境の電位を整えるために住居に炭を埋めたり塗り込めたりすると、微生物のバランスで善玉菌がよく働いてくれるのです。縄文人は住居に炭埋していたといいます。

彼らはこうした〝気〟＝電位の流れに敏感で、その流れを大事にしたのです。炭埋すると、電池と同じように電子が集まってきます。すると地球の磁力線によって空中に電子を吐き出します。地磁気に引っ張られて出て行く。こうして電子が動くことで電位が生じ、気の流れができる。彼らの住居をイヤシロチとしていたのでしょう。

縄文人と同じように太田道灌も江戸城を作るとき炭と塩と金粉を埋めています。こうして水路（みずみち）を作り気の流れのよい土地にしたのだと思います。

僕は、ぬかるんでいた牛の放牧地に炭を埋めたことがあります。すると電位が生じて、水が押されて動き出す。少しずつ水が移動し土塊を運び出して、地下に水路を作っていった。水が排水トンネルを作ってくれた。雨が降って水がたまっても、しばらくすると抜ける。スポンジ状の毛細管みたいな水路ができている。もうぐちゃぐちゃにならないという技術なのです。いままで3カ所くらいでやっています。

森のなかで育まれてきた和の文明

植物の持つエネルギー循環への優れた対処を述べましたが、日本の和の根源は、そこにあると思います。日本は非常に多雨で豊かな森を持ち、人々はそこで暮らしてきました。和の文明の根源には、森への畏敬の念があると思います。

『もののけ姫』の中でも、生と死をも司るシシ神は森の神秘の象徴として描かれています。

日本人は精神性の中にゆとりというか遊びを持たせます。相手に合わせる。いまの日本人は世界の動向に翻弄されて自分の根底がどうなっているかわからなくなっているけれど、その大本は何かというと、違った考え方をした人間がいたとしても全体として両方が成り立つように波長をコントロールするということです。

相手が「わーっ」と言ったときに、別の波長を出して、その場の雰囲気はもっと大きい愛に包まれるというのを作るのが大人です。相手の理屈に飲み込まれるのではない。自分も相手も双方を生かすのが愛です。

相手の命令するとおりにサービスするそのことが、愛ですか。それは違う。相手の思いと、想像の範疇を超えた結果を出さないと、ほんとの意味での愛ではない。和こそ愛と言えるのでないでしょうか。

ドイツ人が「アウフヘーベン」というのであれば、それはそうかもしれない。ドイツ哲学を勉強したわけではないので、よくわかりませんが。

日本人が旨味（グルタミン酸・イノシン酸など）を見つけるわけ

日本人は味覚において旨味を発見したといわれます。これは、日本の水がCaやMg濃度の低い軟水だったせいだといいます。軟水は微生物と非常に親和性が高く、軟水が豊富な環境では微生物数は硬水の何十倍も存在します。自然の発酵食品はそうした菌を取り込んできめ細かい味にしてくれるのです。

非常に多くの菌が協力をして発酵という作用をすると、いろいろな発酵菌が栄養素を吸収しては発酵物の中に分泌物として戻します。それぞれの菌が分泌物として出す酵素は全部違い、それらはみな材料の遺伝子を切る場所が違うのです。脂肪を切る場所も違うしタンパク質を切る場所も違うから、ペプチド（アミノ酸のつながった分子系統群）を経て生まれるアミノ酸の種類が豊富になるのです。そして、きめ細かく切られていくので、早く小さな単位になり吸収しやすくなります。

シイタケからグアニル酸とか、鰹節からイノシン酸という旨味を見つけているのは全部日本人です。風土として日本は発酵菌の数が豊富なのです。本来の和食は発酵菌が腸内に入り、腸内細菌が増え、吸収され免疫力を高める。明治時代から始まった化学研究の中で旨味というものを発見してきたわけです。

たとえば、旨味は世界のなかでは日本人特有のものだろうと思っていた。ところが20

00年に旨味を専門にキャッチする舌のレセプター（受容体）が存在することが科学的に証明された。旨味というのが正式に味覚の一つとして世界に認知され、登録されたわけです。

最近、熟成した日本酒やジャパニーズウイスキーなど日本の発酵食品が世界的に注目されています。2年前には日本のパン屋さんが世界一になっている。こうして日本食が世界遺産になりました。僕らのチーズも、それに先駆けて世界に認められた発酵食品です。日本の発酵食品を世界にアピールする秋(とき)なんです。和の複雑な味覚が世界に認められつつあるのです。

軟水と日本人の性質

日本の水がほとんど軟水であるのは、日本が湿潤でせいぜい2000～3000メートル級の山で、山林が多いことによります。日本では降った雨は一度森の中で、植物の中や落ち葉からできた腐葉土にしみ込んでから地下にいく。一度生物層の中に入って出ていくのです。それで軟水になる。

ヨーロッパなどユーラシア大陸では山地の標高が高い。ヒマラヤは植物限界をはるかに超えた高さで８００メートル級です。しかも、放牧をやる。植物層が薄いのです。そのため、降った雨は直接岩盤層に入っていき、それが湧き出し、エビアンとかボルヴィックなどのミネラルウォーターになるのです。

日本の軟水の場合は、一度樹の中に入って保水されている、樹は命を作るための和のエネルギーを作っているわけです。水は置かれている環境のエネルギー、振動に共鳴するように分子を作っていきます。

『いのちが教えるメタサイエンス』にも書いていますが、水はクラスターという分子の固まりで液体を形成している。そのクラスターは振動に合わせるために水の分子がひもの長さを調整したり、フラーレンというボール状のものを作り、大きさを変えていたりします。

フラーレン64面のものはサッカーボールみたいな形をしているのですが、３次元で振動を捉えられます。波長の長いもの、短いものとを複合波を捉えられます。パラボラアンテナと同じ理屈です。

森林では、雨は根から導管で樹の中に入り細胞膜を通って出てきます。そのときに命が必要としているミネラルを含んで、バランスを取りながら出てくるのです。しかも樹そのものが命を作るために振動しているので、その振動もコピーしてくるのです。このように日本の軟水は、生態系のエネルギー循環のシステムにそって産出されている天然の恵みなのです。

日本は大陸のような全滅戦（ホロコースト）のような争いなしに、みんな仲良くやろうよという歴史を持っています。将棋でも敵のコマを取れば味方になってしまうルールにしてしまう。ひどく争わなくてもここで生活できるという風土です。それは日本の複合波を含んだ水が持つ、おだやかな性質が貢献していると思います。

日本の水の持つ振動が我々の生き方の根底をなしている。それはカタカムナが言っている、宇宙の振動と音、言葉、意味につながってくるのだと思います。それは聖書で言う言葉は一つ、一つの光から万物が生まれたことにつながると思うのです。

「和」という生き方に可能性を探る

日本の「和」はさまざまな可能性があると思います。一つには、風土としての恵み。つまり、常磁性のある地質で地磁気の強い龍脈が通る土地であること。山がちの地形に森林が覆い、軟水で生態系エネルギー循環が行われ、多くの微生物がいる環境であること。そのため、発酵文化が発達し、これから期待されているバイオ科学に有利であることです。また、軟水により有機物の吸収・合成型のエネルギー循環のシステムが働いており、人間集団も縄文時代から調和的で、互いを認め合って共存する傾向が強いことなどです。

むろん、日本人が行った殺し合いや殺戮、明治以降の近代化の過程で戦争につぐ戦争を繰り返したことなども認めなくてはいけません。日本が特別優れていると思い上がってはなりません。たまたまこの列島大地は恵まれているということでしょう。

それでも、ますます大量生産・大量消費によりひたすら量的な拡大を求める鉄と機械の文明により危機に陥っている人類に対して、日本の「和」の精神には、対抗する手がかりがたくさんあると思うのです。

【コラム】ジャレド・ダイアモンドからの示唆

ジャレド・ダイアモンドの著書『銃・病原菌・鉄』（1997年、翻訳は2000年、草思社）に僕は大いに刺激と示唆を受けた。同書は、西欧世界が世界制覇をするにあたって、銃・病原菌・鉄がその主な要因となったという説を展開しピューリッツアー賞を受賞しています。彼は、ニューギニア人から「なぜ、ヨーロッパ人がニューギニアを支配することになり、その反対ではなかったのか」という問いに答えようします。答えは、ヨーロッパ人が、置かれた地理的環境のおかげで、銃・病原菌・鉄を武器として持っていたからだというのです。

僕がこの本で特に共感を覚えたのは、病原体と鉄を重要視している点です。病原菌については、ヨーロッパ人（中央アジア起源）が牧畜をする中で家畜と接触するなかで感染し免疫を得てきたことが、彼らを優位にしたとします。さらに、ヨーロッパ人が製鉄の技術を早くに受け継ぎ、鉄の文明を築いたことも重視します。

ダイアモンドは書いていませんが、牧畜と鉄は密接に関係しているのではないか。鉄の電磁的な身体への悪影響を取り除くのに、牧畜の生産物である発酵乳やチーズの摂取が盛んになったのではないか……などとインスピレーションを受けたのです。

第四章　共感・生きる場所の組織論

ここまで、新得共働学舎の暮らしぶり、それを支えるメタサイエンス、もののけ姫に読み込んだ「共生」の持つ力について述べてきました。最後に、この場所がどんなふうな人間関係で運営されているかについて述べたく思います。

1　新得共働学舎の人々から学んだこと

自主性が全てのはじまりにある

第一章で紹介しましたが、新得共働学舎には管理も命令も義務もありません。1日をどう過ごすのも、何をやるかも自分で決めます。朝食後のミーティングで順番に「今日は何をする」かを自己申告します。夕食後には「今日は何をやった」かを自己報告します。このとき自分の用事を言ってもいいし、とりあえず適当なことを言って誤魔化してもいい。ミーティングに出なくても文句は言われません。

ここのメンバーの半分はいろいろな困難を抱えており、外の世界のようにはできないのです。ここでは障がい者も健常者も同じく扱われます。だから、みんな自分のペースでやっています。みんな顔と名前が一致する人数ですから、誰がたくさん作業しているか、誰がサボっているかはすぐわかります。しかし、ここは生活や仕事を管理し強制する場所ではないのです。自分のやりたいこと、やるべきことを自分のペースでやる場所なのです。ここでいちばん大事にしているのは自主性ということです。「自労自活」という言葉には

毎朝のミーティングで、その日の予定を宣言する。

二つも「自（分）で」という字が入っているのはそういう意味なのです。

ここは「農業家族」なのです。家族ですから庇（かば）い合うしかないのです。できることを、できる範囲でやる場所なのです。

「みんな、神様を連れてやってきた」

最初に述べましたが、いまや80人近い仲間が農業を中心にした暮らしながら、「自労自活」ができるようになってきました。ほんとうに9回裏2アウトというような場面に何度かなりながらも、なぜかゲームセットにはならなかった。

僕はクリスチャンですが、人の前で祈るのは嫌いです。祈らざるをえないような場面には何度もなってきましたし、自分の力の限界はしょっちゅう感じています。そんなときに引き下がらないでいると、知らず知らず心の中で願いごとをしているのです。「なんでこうなるのです」とか、ヨブ記のヨブのように。すると全然思ってもみないところから助けが来たりします。

いちばん多いのは一緒に暮らす仲間たちが運んでくれる縁です。偶然のような必然のようなことが起きて、細い糸がつながり、いつの間にか確率的には何万分の一でしかありえないような結果が生まれてきました。チーズのこともバイオダイナミック農法のことも。そして、共働学舎での人間関係のことも。最初の本『みんな、神様を連れてやってきた』のタイトルどおり、ここにやって来た人たちが神様を連れてきて、そうした奇跡のようなことを起こしてきたのだと思います。

エイジやトモヒロの善行

チーズがこれだけうまくいくようになったのは、初期の何人かのメンバーのおかげがきっかけでした。思えば、新得に入植した翌年に地元から来たエイジを看病したことで、帯広のレストラン「ワインケラー」の宇佐美明男さんを知り本物のチーズの味を知り指導を受けるようになりました。

チーズ研究の施設となる「新得農産物加工研究センター」が建設されたのは、やはりエイジと一緒ににやって来た自閉症のトモヒロのおかげでした。前述したように24時間テレビに1年間貯めたものをいきなり寄付をしたのです。その話を聞いた当時の新得町の佐々木忠利町長が、「君たちチーズ作りをしてるみたいだけど、一村一品産物として開発できないか？」と声をかけてくれたのです。そこを拠点とした、チーズ研究がユベールじいさんとの出会いとなって、コンテストでのグランプリへと続いてゆきます。

ダテオに教えられた「仮面」はいらない

そして、僕に人間の生き方にとりいちばん大切なものを教えてくれたのが、最初からのメンバーだったダテオでした。それは、人間の原点には「仮面」はないということです。そして、ここを一人ひとりが素顔で生きていける場所、素顔を出せる場所にしていかなければいけないということです。

ダテオのことは、僕の本では繰り返し書きていますが、本書でもどうしても書かなくてはなりません。

まず、ダテオのことを説明します。ダテオは信州の共働学舎から来て一緒に新得共働学舎に入植した1年目からの仲間でした。彼は生まれたときに、20歳の母親を亡くしています。1歳半のときに父親はどこへ行ったかわからなくなります。それ以後は施設で育てられ、養父母に育てられるのですが、中学に上がる年から大人の社会が信じられなくなって街に出るようになります。あとはお決まりのコースで、婦女暴行、強盗、窃盗…罪状は七つ。それでも彼自身の生い立ちを考慮して、少年院に入れられる寸前になかば強制的に共働学舎へ入り、新得に来ることになったのです。

ダテオは酒が入ると決まって荒れ、かわいらしい顔が一変しました。小さいときから心にたまっていたさまざまな思いが吹き出てきて暴れまわる。気に食わないことがあると、ちゃぶ台をひっくり返して、夕食が宙を舞う。包丁が飛び、壁に突き刺さるといった具合でした。

よく深夜の二時ごろ、酒を飲んだ彼がやって来て戸をたたくので、食堂へ出ていき、一緒に焼酎を飲みながら話をしました。コンプレックスの塊で、酒なしでは本音を言えなかったのです。テーブルには包丁が刺さっていて、聖書が開いてあった。「この本には、おれがなんで生きていなければならないか、書いてあるはずだろう？　ここがわからないから教えろ」と言います。こんな会話もありました。

「なんでお前は生きている？」

「………」

「生きていたいんだろう？　みんな包丁から逃げるじゃないか」

「おれはこの牧場の責任者だし、家族もいる。だから生きていく責任がある」

「それが何？」

「社会のために必要なはずだから…」

「くそ食らえ！　銃をくれよ。どこへでも行ってやるよ。自分と仲間を守り、銃を撃つ理由をはっきりさせる大義名分を国がくれるじゃないか。ふっ…どれも仮面じゃないか。責任者、家長、長男、主人、父親、大学出、正義漢、善人、信仰深い人。おれにはないんだぜ。こっちは素顔でいるのに、みんなずるいよ。仮面かぶりやがって。一度、かぶったぜ。暴走族というのをよ。よかったぜ、仲間がいたからな。だけど、あんたらが引っぺがしてくれたじゃないか」

「わかった。おれも外してやるよ」

「で、なんで生きているんだ？」

「…わからない。だけど、見つけりゃいいじゃないか。自分で作っていけばいいじゃないか。好きなことやればいいじゃないか」

「おれが一番したいことは、母親の胸に抱かれることだ。みんな好きなことやっているじゃないか。どうしておれは母親のところへ行っちゃいけないんだ」

「いや、待てよ。母さんは天国じゃないか」

「おれが生きて生まれたのに、一度も抱かずに逝っちゃったんだぜ。そんなのねーよ」

「…でも、おまえ生きているじゃないか。何か見つけようぜ」

「何回やっても、なかなか死なないしな…。あんた頑張んな。…じゃ、おやすみ」

ダテオが新得に来て二年たった年の三月、吹雪の夜のことでした。例によって酒を飲んで大暴れをして包丁を手にします。包丁を取り上げて激論になると、パッと消えました。聖書だけ持って飛び出したのです。列車に飛び込んで死のうと思っていたらしい。

ところが、最終電車が行ってしまったあとでした。いくら待っても列車は来ない。寒くなって新得駅に上がり、手にした聖書をベンチで読みだして、死ねなくなったと言います。翌日だったか翌々日だったか、泣きながら帰ってきて「もう一度やらせてくれ」と頭を下げたのです。

そのとき彼を救った聖句は「コリント人への第二の手紙」第十二章の中のものでした。「キリストの力が私に宿るように、むしろ、喜んで自分の弱さを誇ろう。だから、私はキリストのためならば、弱さと、侮辱と、危機と、迫害と、行き詰まりとに甘んじよう。なぜなら、私が弱いときにこそ、私は強いからである」。

ダテオは大工になりたいということで、長野の大工の棟梁のところへ行くことになりました。しかし、仲間とうまくいかず1年ほどで出てしまいます。その後、棟梁の紹介で東京の工務店で働いてみたりしますが、学校に行っていないから算数ができない。兄弟子たちともうまくいかず、結局、養父母のところへ戻ってきます。

ときどき、僕のところへ電話してきました。

「牛さんたちは、元気？」から始まって「アンナ（長女）は元気？」と順番に訊きます。「おまえは元気か？」と訊くと、「元気です」。

「どこにいるの？」と訊ねるとガシャっと切れた。今いる場所は絶対に言いませんでした。

23歳になったある日、自分が生まれた住所に行き、ダテオは首をつって死んでしまいます。そこにはもう家はなく、あったのは道具小屋でした。

人間の原点には「仮面」はない

ダテオに気づかされたのは、生きていくためには仮面はいらないということです。人間は、家族での役割とか学歴はしょせん仮面なのです。社会で生きるには、人は仮面をかぶらざるをえないのですが、「そうやって、仮面をかぶって便利に生きているけれど、本当のところ、それで意味のある人生を生きていることになるのか」と、ダテオに訊かれていたのだと思います。

彼と接していると僕の仮面が一つひとつひっぺがされました。彼と話しているうちに、自分では持っていると思っていたものが、仮面だと全部、剥ぎ取られました。

ダテオは、いつもマスクをかぶらず、素顔のままでした。仮面なしに素顔で生きるというのが、人間の原点なのです。幸か不幸か彼はそう生きざるをえなかった。

「彼は人間の原点を歩まされた者だ」。だからこそ、仮面がなかった。誰もが、いつか歩かなければいけない「人間の原点」を若いときに歩んだ。そして、自分にはいかに仮面が多いかとも知らされた。彼が生きているうちには僕はわからなかった。しかし、彼が死んだという重さが、「理解しているつもり」が「腑に落ちてきた」。イエス・キリストが死なざるをえなかったのも、こういうことだったのかと、思い知らされました。

ダテオとのやり取りの中で、自分が生きていく理由は自分で作らないとダメだということでした。自分で生き方を決めて、自分で作っていく。一人ひとりが素顔で生きられる場所、素顔を出せる場所を作っていかなければいけないと思った。

これが、新得共働学舎を「自労自活」していく原点となります。

仮面を指摘してはいけない

ダテオのことがあってから、人の仮面がよくわかるようになりました。そこで、「お前、そんなに仮面をかぶってなくていいんだよ。弱みを出していいんだよ」と言うと、言われたほうは素顔がばれていると思います。隠していることが、丸見えだと、本人は苦しくなってしまう。だから、絶対にそれを指摘しちゃいけないのですね。

必死になって、仮面をつけている人に、どう声をかけるか。おはよう＋（プラス）ひと言が大切です。特に、ここに来ている人はみんなそれぞれトラウマを持っている。だから対応は一人ひとり違います。でも、まず素顔を見ることが大切です。

仮面をはずしても大丈夫だよと言っても、かえって仮面にしがみつくものです。だから、素のままでいんだよ、僕らが一緒にいるから、できることをやってくれと、僕らは言い続ける。しなくてはいけないというのではなく、自分でやることを自然に見つける。それが一番よいわけです。

そのとき邪魔なのが、ヒエラルキー（階級制）の感覚です。誰が偉くて、自分はどの位置にいて、あいつは自分より下だから指導しなくてはとか。そこから解放されると人は自由になるし、必要なことも見えてくるものです。

人間関係の基本は共に喜ぶことです。気持が躍る関係を作ろうと思うこと。自分の立場を守ろうとか、有名になりたいという思いが強いと、その瞬間にうまくいかなくなる。見透かされてしまうのです。

さらに思うのは、母親という存在の重要性です。人は生きていく礎として自分のすべてを受け入れてくれる母親的な存在がどうしても必要です。ダテオはそれを必死に求めていた。そのせつなさを僕らは受け止めきれなかった。だから、〝家族〟である共働学舎では、できるかぎり互いのいろいろな感情を受け止めあって暮らしていこうと思っています。

次々と起きてくる衝突や問題こそ大切に

これだけの人間が集まって暮らしているのです。しかも、みんな世間で生きるには何らかの困難を抱えていた。いまも問題は次々と起きています。

例えば、サイフのお金がなくなる（盗まれる）事件が連続したこともあります。仲間の財布から少しだけ抜く、天才的にうまいヤツがいるんです。もちろん騒ぎになりました。みんな誰がやっているかわかっているけれど、なかなか言い出せない。どうするか、僕を見ている。僕はすぐには出ていけなんて言わない。彼がウチには必要だと思っている。

それで、彼もいる朝食のときに、「俺、この前京都で18のきれいな女の子に会った。その子は21人の多重人格で、それぞれにちゃんと名前があるんだって」と言った。みんなは「えっ？」。「映画の『ビリーミリガン』は23人だからあと二人いればギネスに載ったのに」と冗談を言った。

「その子の別人格が現れると大暴れしたりするんだけど、元に戻ると一切忘れてるんだって。ビリーミリガンも殺人を犯しても無罪になるんだよね」

このときは、みんな何を言っているのかよくわからなかったようだ。彼に逃げ道を作ってやったのです。自分ではない別人格がやったことにしてしまえば、とりあえず収まるかなと考えたんだけど、そのときはうまくいかなかった。

結局、次の朝に、正義感の強い人間が彼の胸ぐらを掴んで「わかってるんだ、この野郎」なんて喧嘩している。

「僕は盗んでいません。証拠もないのに何で僕になすりつけるんですか。こんなところにはいられません。荷物まとめて帰る」

「こいつ、出て行くって」

「全部僕に決めつける」

「出て行くんだったら、出ていいよ。でも、お前これまで何回も出て行っただろう。そのたびに新得警察署に俺が何回も迎えにいったよね。今回お前が出て行っても俺は絶対迎えにいかないから。誰も行かせないから」

と突っぱねた。そしたらガーッと泣き出して「全部僕です」と言った。

「僕ですと言ったら返さなきゃいけないんだよ」

「大丈夫です。貯金ありますから」

学習障がいということで障がいが認定されているからお金が口座に入るのです。しかし、いつもやってしまう。どうしてそうなってしまうか、本人にもわからない。

彼は母親が精神科病院に入院していて、養父母に育てられた。そのとき、どうしても、母親に会いたいと言うのです。養父母や児童相談所に相談して、会いにいくことになったのですが、母親は老人施設に入っていて、「あんた誰？　私はあんたを産んだ覚えないよ」と言われたらしい。これはきつい。そのあと、1週間養父母のところにいて帰ってきた。そのあとも、やっぱり盗難事件が起きる。1年後にやはり大騒ぎになりました。

今度は「僕には記憶がない」と言うわけです。僕が用意していた逃げ道を使ったのです。1年かかってトラップにひっかかったわけです。

「どうして僕を責めるんですか？　僕には記憶がないんです」

そして、精神科の医師を受診することになりました。精神科の医師と治療としてカウンセリングという形で、トラウマに向き合うことになった。そうしたきっかけで、心の底にある問題を乗り越えられる可能性が開かれてくるんですね。

このように、トラブルが起きても僕はすぐに解決しようとは思わない。トラブルをむしろ根本にある問題を解決するためのきっかけにしていくのです。

元受刑者の人や16年間の引きこもりも

元受刑者の人も受け入れています。知的障がい、アスペルガー、ホームレスだった人もいます。元ホームレスの人は生き方に不器用な人間で、陸上自衛隊を退役した後に、仲間に誘われて、盗みの見張り番をさせられたのです。見つかって逮捕されて、有罪になり2年くらい入っていたのです。それで家から勘当され、札幌で仕事をしようとしても前科者だからとなかなか就職できなかった。流れ流れて、東京で2年半くらいホームレスをしていたのです。

その後、十勝の両親の家に戻ってきて、新得に共働学舎があるから行ってみろと言われてやって来た。自衛隊にいたから、食事を作ったり、薪ストーブを燃やしたり、手が器用で織物とかも時々やるし、それもきれいに作る。でも、基本が元ホームレスですから、気分がのらないと一日ストーブの前に座っている。仕事は人の観察。だれだれがどこにいて何をやっているか全部彼の頭の中に入っている。彼には「何でもいいから生活につながることの習慣をつけないとだめ」と言ってるところです。

16年間引きこもっていた人が、いまはチーズ工房で仕事をしています。それが潔癖症なのです。だから衛生管理は完璧、いや過ぎる。ただし、チーズは150グラムずつにカットすることになっていて、ちょっと多めに切ることになっているのですが、誤差のない重さにしようとして切り屑を出してしまうのです。150グラムぴったりじゃないと気持ち悪いんでしょうね。それで、「削った分が無駄になる」と、一緒に仕事をしているメンバーと言い合いになったりします。もう、8年以上、そんな感じでやっています。ありがたい存在です。

地域の中へ、地域と共に

新得地域からの受け入れで通いのメンバーもいます。もともと、新得町には土地を提供してもらったりお世話になってきていますので、町の福祉関係の部署とは連絡を取り合っており、受け入れてくれないかという相談があるのです。地元で人生の困難に直面して、うちに来ている人もいます。

そんな一人の男性は来たころはよく働いていたのですが、それが、面倒を見てくれていた弟が交通事故で死んでしまったことがきっかけで部屋から出てこなくなってしまった。葬式の席で知り合いが彼の障がい者年金のことで母親をなじって言い争いになったそうです。それにショックを受けて人間恐怖症になり、部屋からほとんど出て来られなくなった。

健康のことなどを確認しなければいけない。2日に1回は部屋に行って声をかけていました。こちらが拒否されると安否確認すらできないのですが、僕らとの関係は悪くなかったので何とかなった。いま、自分の部屋にいて、ようやく自分で買い物、料理して、畑に豆を植えたりするようになった。収穫のときには働きに出て来ます。

共働学舎新得農場では心身にいろいろな負担を抱えている人が半分くらい働いていて、あとの半分は酪農やチーズ、農業、養豚、養鶏、工芸などの技術をもっている人たちです。また、外国人を含めて常にいろいろな若者たちが研修で滞在しています。福祉現場の実習として来る人もいるし、腕一本で独立することを目標にチーズ作りや酪農を学ぼうと参加してくるメンバーもいます。

１９７８年に新得に入植したときのメンバーは、僕の家族を中心にした6名でした。37年たってその12倍を超えたわけですが、僕は原則として来る人は拒まずにやってきました。悩みや問題がある子どもを抱えた親御さんから相談を受けることも少なくありません。多くの場合、まず1週間ここで過ごして、一度帰ってもらいます。そして本当にここで暮らしたいと本人が戻って来れば、また体験を受け入れます。これを何度も何度も繰り返す人もいます。

そんなに無条件に受け入れて大丈夫なのか？　第一スペースがないだろう？　学舎の

内外からそう言われることがあります。でも僕は、例えば引きこもりで生活に行き詰まってしまった人がここで暮らしたいと決心するには、みずから「生きよう！」という必死の思いがあるのだと受けとめます。だから、部屋に余裕がないので受け入れられない、とは言いたくないのです。

新得からはいままで多くの人や家族が独立して巣立っていきました。第一級のチーズの作り手となって活躍をしている人たちも、ここで「さくら」を開発した七飯町の山田圭介君をはじめ、たくさんいます。近年では新得町との連携もさらに深まり、やがて町内の就農者がいなくなった牧場や農地を借りてここから独立するメンバーも出てくることになりそうです。そうなったときには、うちで暮らしながら、作業の忙しいときにはそれらの農場へ手伝いに通う、といった形も考えられるでしょう。

２０１５年４月下旬、農場内のミンタル（ショップ&カフェ）の横に、新しい施設「カリンパニホール」がオープンしました。カリンパニとはアイヌ語でエゾヤマザクラの意味。新得町の樹であるエゾヤマザクラに、僕たちの看板チーズでもある「さくら」を掛け合わせた名前です。ここではこれから、いろんな講習会やワークショップなど、地域により開かれた催しを開いていきたいと思っています。チーズ作り体験や料理教室ができる設備も備えています。社会的に弱い人たちの就労を支援する「ソーシャルファーム」を十勝で推進する、「十勝ソーシャルファームツーリズム研究会」の活動拠点ともなります。

共働学舎新得農場は39年目を迎え、いま、より地域の中に溶け込んだ活動を意識しています。人々の交流を目的とする「カリンパニホール」は、その象徴的な最前線になります。

僕の家族も多くのトラブルを乗り越えてきた

僕の家族は、妻、長男、次男、三男、それに結婚した長女の杏奈。それぞれ、いろいろな問題を抱えています。長男は交通事故の後遺症を抱えています。次男はこどものころから食べることが大好きで、そのため肥満気味でした。しかし、自分の好きな道を選んで、いまは東京で高級食材の買い付けを任されて共働学舎新得農場のチーズも売っています。長女の杏奈にもトラウマのような出来事がありました。自由学園に学んだ後で幼児教育に関わり、そして新得に夫婦で帰ってくれました。おかげで僕ら夫婦は本当に楽になった。

僕の家族もいろいろな問題や困難を抱えている。でも、この新得共働学舎のいろいろな人たちと一緒に生きてきたから、そうしたトラブルや困難に向き合い乗り越えてこれたと思っています。

異分子やトラブルこそが次へ進むための大事な種

問題やトラブルが次々と起きると言いましたが、僕は急いで表面的な解決をしようとは思いません。さまざまな困難を抱えている人たちが集まっているのだから、そうしたことが起きるのは当たり前です。さらに、生活のことでも、生産のことでも問題によっては根本的ですぐには解決できないこともあります。むしろ、そうした問題が発生することが重要です。

家庭でも学校でも職場でも、そこにいられなかった人たちは、その組織の歪みを個人として背負わされてしまった人たちです。簡単に「歪みが何であったのか」「どうしてそうなったのか」などと答えを見つけることはできません。できるのは、それぞれと向き合うだけです。

彼らが何を望み求めているかを見つめているうちに、「何が満たされないのか」「何が必要とされているのか」が浮かび上がってきます。社会に潜在している必要性が見えてくるのです。

そして、彼らを追いつめた原因を探っていくうちに、この社会の歪みが見えてきます。さらに、彼らの望みがかなうよう試行錯誤しているうちに、歪みを解決するヒントが出てきます。

彼らこそ、世の中が解決できなかった問題が何なのか、その問題をどうやって解決したらいいか指し示してくれる存在です。だから、僕は彼らのことをメッセンジャーと呼んでいるのです。

「自労自活」の自主性がなぜ大切なのか

実際、共働学舎のメンバーになった人たちの多くは、自分が必要とする衣食住を自力で獲得する機会を持てずに生きてきました。障がいや病気を理由に世話され介護されることで、自身の能力を試す舞台に立つことを妨げられてきた。そこに本当の喜びと満足があるとは思えません。それでは決して心の飢えは満たされないはずです。

自分の持っている力で何かを生み出す。人と関わる。今ある社会の中で自分の存在意義を実感してこそ、生きる意味や喜びを味わえる。だからこそ、いったん社会からはじき出され、共働学舎に来た人の多くは、自信を取り戻したときに学校や職場に再び戻っていく。あるいは新しい世界へチャレンジしていく。

学舎に来た当初は多くが「なんでもしてもらっていた人」だ。しかし、朝食後、必ず訊かれる「今日は何をしますか?」という問いは「あなたはどう生きますか?」と訊かれているようなものだ。「内発的に生きること」を日々みんなの前で確認していることになる。

異なる者どうしが無理に同化せずとも共存し共鳴する場を作る

先にも述べましたが、うちの中心メンバーはNPO共働学舎と雇用労働関係を結んでいるわけではありません。共同体に所属して任意で暮らしているという形。雇用関係ではないので社会保険（雇用保険・労災保険・健康保険・厚生年金）には入っていません。一種の家族ですから食住は保証されます。その上で、任意で作業をして、家族構成や仕事への貢献を考慮した配分でお小遣い的なお金がもらえるという形です。

一般企業が同じようなことをしたらブラック企業そのものになってしまうでしょう。あくまで雇用関係ではなく、このスタイルでいいという人が任意で暮らしているのです。もらっているお金はすごく少ないのに、みんな熱心に仕事をしてくれています。東京の行政府から、「新得共働学舎でこんなに収益が上がっているのは（※）、強制しているのではないか。帯広の労働基準局に強制ではないと証明してもらってくれ」という疑問の声が上るくらいです。

※寄付金なしで自活できる程度の収益という意味です。わずかですが農業組合法人共働学舎新得農場は税金を払えるようになれました。なお、繰り返しになりますが、農事組合法人と雇用関係にある労働者もいます。

こんなやり方で普通は組織運営ができるはずがありません。ところがそれができて、40年間続いてきている。どうして可能だったのかというと、自分で決めるからなのです。今日、自分はこれをすると決めることは、自分がどう生きるかを決めるかに等しい。ここでは、自分で決めて自分のペースでそれができる。自分のできる範囲で決められるからやれる。そうしたら、ありがとうと言われるわけです。

これまで、だめだ、だめだ、何もできないと言われてきた。しかし、心の中では自分のことを認めて欲しい、特に親などに認めて欲しいと思っていた。

学舎で何がしかやって「ありがとう」と言ってもらえたら、自分のやったことに意味があるという確認ができる。励みにもなる。「だめだ、だめだ、何もできない」と言われていたのが、自分から「これできるから」と言ってやったら、ありがとうと言われる。

そうしたことが積み重なって、チーズになり、それが世界のトップになったという話になると、自分がやったことに意味があったのだと。自信がつく。もうモチベーションが全然違ってくる。

そういう経験がまずあって初めて心を豊かに耕すスタートラインに立てるわけです。

それまでは命令だとか外からのプレッシャーから、かたくなに心を閉ざしてきた。そうした圧力やストレスから何とか逃げながら生きてきて、ついに居場所がなくなってきた人たちがここに来ている。だから、最初は心を開いていないわけです。それが、はじめて自分に自信ができると、心が耕されていないから偉そうなもの言いをするようになる。自信の感覚をつかむとそれが肥大していくのですね。「俺は正しいんだ」と逆に自信過剰になるのです。初めて一丁前に意見が言えるようになった中学生や高校生ではないのですが、自分の意志を持って自分の意見が言うのですが、言い方を知らない。

そうすると今まで自分が言われてきた口調で、相手に言うわけです。「あれしろ」「こうしろ」と命令や指示口調になる。

それに対して「うるさいな」と言うのもいるわけです。

「うるせー」「何だこのやろー」と言い合いになったりしているのですが、そのことで自分が殻を壊して直に心を通わせているわけです。通わせ方について、もうちょっと上手くやれよと言いいたくなるのですけれど…

メンバーの中にはそういう言い方に敏感な人もいる。そういうのを見ると、ぶち切れて、ぶっ飛ばしにいくのです。それをまわりの人間が止めに入るのですが、彼は130キロあるからだれも止められない。包丁を手にすることもあるから、危なくてヒヤリとすることもある。もっとも、いままで誰かを傷つけたことは一度もないのです。

弱い者が強い立場になったときに、弱いものを怒鳴りつけている。それを見て許せないと言う。それは、正しい感覚だと思う。言葉が巧みでないものだから、包丁を持ってしまうんですね。

例えば、自閉症で躁状態のため薬を飲んでいるので、ずっとおしゃべりしている人間がいたりする。一緒に住んでいるからずっと聞かされることになって、さすがに疲れてきます。でも、みんななかなか言いだせない。そんなとき、彼がぶち切れるのですね。

毎週日曜には礼拝といって、順番で自分のことを話す場があります。また、それをきっかけにみんなで話をする。そのときは、そうしたことをどんどん言わせておくのです。お互いがそれを理解していくのです。あいつはこんな事情になっているのだ、こんなことを思ってるのだということを知ってくると、お互いの心が耕されていくのですね。みんなで暮らして働く素地を作っているわけです。

負の感情を浮上させる人間がいて、そのとき反発する人間もいる。互いが異なる人間として、別の感情があってもそれを認め合える場であればいい。

こんな場を重ねていくことを通じて、初めてお互いがお互いに影響し合い、僕らの人間性が豊かになっていくのだと思います。

2　物質界も生活界も精神界も波動と共鳴で動いている

炭埋は無意識にある感情や問題を浮上させる

さて、第二章で炭埋による電磁波が人間の活動に影響を与え活性化するという説明をしました。

これはプラスにも働きますが、マイナスに働く場合もあります。その典型が、三角炭埋です。活性化しすぎて周りのエネルギーをどんどん吸い上げ、最初こそみんななぜか元気いっぱいなのですが、周辺ではマイナスの電子が吸い取られて、結局エネルギーを失ってケガレチ（作物の育たない・人や生き物の元気がなくなる土地）化してしまうのです。僕が心配しているは東京スカイツリーです。鉄の三角形のタワーは周辺のエネルギーを吸い込んで天に放出し、やがて付近をエネルギーの乏しいケカレチにしてしまうのではないかと思うのです。

十字炭埋という方法をとれば、そうならないことは説明しました。

しかし、不思議なことに十字炭埋でエネルギーがきちんと循環するようにすると、そこで暮らす人間が抑えつけてきた負の感情や問題が吹き出てくるのです。「物質界も生活界も精神界も同じ法則で動いている」というのが僕の持論です。

新得農場に初めてやって来た新人は、だいたい一緒に暮らし始めて数日後が最も大変です。もともと社会にうまく適応できなかっただけに、人よりもさまざまに深刻な問題を心の内に抱えています。心に重しがかかってふさぎ込んでいることが多い。内側にはいわば怒りや哀しみといったガスが充満している状態といっていい。

それが学舎内で寝泊まりするうちに、場の高いエネルギーに動かされ、自分の中でもエネルギーが巡るようになります。エネルギーが巡ることで、活力を与えられ、元気を取り戻してきます。だんだん元気が出てくるそのときが、いちばん要注意です。

重しが外れて、たまっていた〝ガス〟が動き出す。やがてガスが噴き出したような状態になります。つまりこれまで抑えていた怒りや恨み、悲しみといったマイナスの感情が一気にあらわになるのです。今までやりたくてもできなかった鬱憤を晴らすような行動に出る。たいていは暴れ回ることになります。

しかし、そこでそれをへたに抑え込んではいけない。脅しや強制はもちろん、モラルやイデオロギーで枠にはめては逆効果となります。さらにガスが内に充満して、思わぬかたちで暴発してしまうからです。

エネルギーが自分の中できちんと循環するには、いずれにせよ自分の中に潜んでいる問題と一度きちんと向き合う必要があります。そのためにいったんは、たまったガス、たまった負の感情を外に放出しなければなりません。

ですから、負の感情が浮上してきて、トラブルや軋轢が起きるのは大事な過程なのです。そうやって、抱えている問題を浮上させ、乗り越えていけばよいのだと思っているのです。

だから僕は彼らに「これをしろ。あれをやれ」と枠にはめて強制はしないのです。「ここでは自由にしろ。なんでも自分の好きなことをやれ」と何度も繰り返し同じことを言います。ガスを吐き出した彼らは、そのうちに必ず落ち着きを取り戻していきます。時間はかかるかもしれない。しかし一年、二年とかかっても、彼らはやがて自分たちの内なる心に従って、必ず前向きに生きることを始めます。

エネルギーの循環は、その人の心の奥底に眠っていたトラウマを浮上させる。あるいは隠していた秘密を引き出し、自分でも気づかなかった思いを表面化させる。心は浄化し、活性化される。そのことがやる気を起こさせ、生きる意欲を取り戻させる。

そのプロセスに必要なのは、エネルギーが循環する場、そして人との信頼関係でしょう。自分の周りにいる人間への信頼なくして、トラウマが浮上することはない。心のふたが開いてガスが解き放たれることはない。人の心を動かすのは、やはり人なのです。

炭埋によるエネルギー調整の原理は僕らが心豊かに暮らすためのヒントになりうることを示したかったのですが、それはこの社会のあり方を考えることにつながっていきます。

物質界も生活界も精神界も同じ法則で動いている

「物質界も生活界も精神界も同じ法則で動いている」と強く思います。その基本になっているのは波動法則です。

ここには、いろいろなことで、自分のポテンシャルが阻害されている部分があって、発揮できていない人がやって来ます。

ちょうど微生物の世界でもそれぞれに増殖に向いた環境、向かない環境がある。それぞれにとってのイヤシロチ（生命が元気になる土地）やケガレチ（生命が衰える土地）があって、腐敗菌に向いている環境もあったりするし、そうでなかったりする。人間も同じです。

だから環境をイヤシロチとして整えることで、今度はそこで抑えつけられる人間が出てくる可能性がある。そうした人間も一緒に、うまく組み合わせることによってハーモニーをもたせるようにするのです。そんな、さまざまな波動を持った人間が集まって、生産そして生活に必要なものを作り出す暮らしをするのです。こうやって、地域で自立した生活ができると、よそと競争する必要がない。戦争をする必要もない。人を殺す必要もない。

課題は与えられた地域の中で、どうやったら自活して生活できるかです。エネルギーも含めて自活できれば、他から取ろうとしなくていいわけです。そういった拠点がいくつもできて、それぞれの地域によって生産する術が違うわけだから、それは交換してもいいし、経済とすればいいわけです。そうして結び合って真の「自労自活」の生活の出現が世界中で可能になるのではないかと思います。

そのためには、生き物が持てるポテンシャル、可能性を引き出す環境作り、これが非常に重要になるわけです。だから、太陽の光をどう取り入れるか、地磁気（地電流）のマイナス電子、これをどうコントロールするか。水を生き物にとってよいエネルギーのよい運び手にしていくか。

それから電磁気の波動を、一番は福祉関係の施設や、学校などで整えることにより、入所者や子供たちのポテンシャルを上げ、社会全体が快適に維持できるようにしていく。これはきっとできると思います。子供たちや障がいを持っている人たちが生活させられている場が、これは経済性に乗っ取られて、鉄で囲われた極悪の環境になっていますよ、ということを言いたい。

もはや鉄の文明に限界がきていると思います。素材産業の最先端も炭素繊維の時代となりつつある。鉄よりも軽くて強い。炭素は生物と相性がいいんです。それを昔は絹糸など昆虫（蚕）に作らせていました。いまは人工的なものも研究開発しているのでしょうが、もっと、生物の持っている本来の力を賢く使うべきでしょう。

生き物は太陽と水さえあれば、勝手に生きてくれ生態系をなしています。この生態系と人間の生活をきちっとマッチングさせるということが非常に重要になってくると思います。

そういうなかで、育ってくる子供たちというのは、複雑な自然というものを観察することで、感性が豊かになり相手が何を考えているかを感じ取れ、思いやりもあり、相手に波長を合わせ、その気持ちを読み取ることができるようになります。

生態系の中には、まだまだ人間が科学としてとらえきれていない不思議がいっぱいあります。花がきれいに見えるのはそこに法則がありリズムがあるからです。法則というのは、生き物を生かすための法則なわけです。この法則でありリズムである波動を人間の生活に取り入れていくことで、真に豊かな生活が実現できると思うのです。

いろいろな人間の波動が重複し共鳴し複合波のうねりが誕生する

物質界が電磁波などの波動で動いているように、人間の生活界や精神界も波動で動いているのだと思います。

いろいろな人間がいて、それぞれの波動を持っている。その波動は、振動数、周期、振幅、波数、位相が違う。うちにいる人間はその違いが世間よりも大きいのかもしれない。

そうした、違う波動を僕は無理に一つにしようとは思わない。みんな、それぞれの波動で生きていくのが一番いい。

そして、この場で波動が重ね合わさっていくのがよいと思う。その結果、複合波になって、思わぬ干渉波が生まれたり、共鳴したり、大きなうねりになったりするのです。それまでになかった大きなうねりが生まれてくる。それまで考えられなかったような、問題解決の方法が見えてきたり、驚くような発展が生まれたりします。

それを、僕は「共鳴力」と呼びたい。

反対に無理に同じ波長を集めて重ねようとするのは力業の世界です。そうしたエネルギーを集めて革命や国民戦争をやってきたのが近代ですね。でも、そうした時代は終わったと思う。民主主義というのは、それぞれ違った感性、発想、宗教を調和させる一つの仕組みのはずです。

それが、多数決や選挙となると、パワーゲームに戻ってしまう。だから、いまの多数決や選挙は次善の策として仕方なくてやっているのだと思います。相手の立場を考えて、第3の解決の道を見つける新しい発見をしないと、民主主義は成り立たないと思うのです。共通項を探すことから始まるのですが、それはみんなが生きているということです。これが共働学舎のチームワークの核です。

チーズを作る微生物の世界も波動と共鳴が決め手

ヨーロッパのチーズコンテストの審査は、日本人の目からは驚くほどスピーディに進みます。審査員たちは、ほとんど見た目の第一印象で良し悪しを決めていくのです。色や形や官能（味わい）にまつわる細かな評価項目の評価は、なかば後付けで記号化されていくといえるでしょう。なぜそんなことができるのか。それは、「自然の法則に正しく則って作られたものは美しくおいしい」からです。美しいもの、おいしいものには法則があり、そもそも生きものたちはそういう法則に則って生きています。だからそのチーズがそのような法則を使ってできていれば、おのずから美しく輝くようなたたずまいをしている。審査員たちはまずそこを見るのです。

チーズは、さまざまな微生物たちのとても複雑な働きや関わりでできあがります。ちがう性質のもの同士が響き合い共鳴を起こすことで、それぞれが持っていた性質とはまた異なる新たな価値が生まれます。チーズに限らず、自然界はもともとそういう仕組みで成り立っているのです。生きものは単体ではなく、ほかのたくさんの生きものや土地の環境、自然現象などと複雑に響き合って安定した営みを世代を越えて維持しています。そうした共鳴現象のことを僕たちは自然と呼び、自然は、異なるものどうしが響き合うことで、大きく捉えればおだやかな世界を作り出している。人間のもの作りも、自然界のそうした波長にうまくチューニングすることができれば、必ずうまくいく。自然由来の異なる性質のものが響き合うことで、チーズのような新たな有機物が作られていくのです。

そして動植物から微生物にいたるまで、全ての生きものたちは太陽というたったひとつのエネルギーを、とても賢く十分に使い切って生きています。考えてみれば当たり前のことかもしれません。

けれども残念なことに、人間はちがいます。エネルギー源をあちこちにたくさん作って、それをあまり効率が良いとは言えない方法で懸命に分配しながら生きている。自然界の生きものたちに比べて、なんてへたくそなんだろう、と思いませんか。人間の世界の外では、おびただしい種類と数の生きものたちが、太陽というたった一つのエネルギーを上手に使っていのちを繋いでいる。それが生きものの原点なのです。もの作りもそこを外してはいけません。

波動と共鳴は人間の社会にも当てはまる

こうした考え方は、人間の社会や個人の心にも広げていくことができます。生い立ちや心身や現在の暮らしなどを比べてみると、まったく同じ人生を歩んでいる人はいません。全ての人にはその人だけの資質があり人生があります。そこで互いを否定したり、個性を打ち消すようなことをすれば、社会全体が立ちゆかなくなるでしょう。世界に同じ人が二人と存在しないからこそ、「ハーモニー」が生まれます。

また一方で人間の個性は、少しも変えられないほど不自由で厳格なものではありません。例えばヴァイオリンやチェロやコントラバスといった楽器は、ギターとちがって音程を厳密に固定させるフレットがない分、音程や響きを微妙に変化させながら、全体ですばらしい響きを作り出すことができます。オーケストラの魅力はそこにあるわけですが、これは人間の社会でも同じです。人間にもいわばあそびがあって、人との関わりを微妙に調整し合うことができる。だから調整を繰り返しながら異なる者どうしがうまく響き合うことで、一人ひとりがもっていたものとはちがう新たな価値が、全体として生まれてくるのです。一つの考えで全体を貫こうとする原理主義では、社会は成り立ちません。

心身にいろいろな困難を抱えた人たちが70人以上集まって暮らしている共働学舎新得農場は、まさにこういう考えによって運営されてきました。全体のために一人が犠牲になるのではなく、それぞれの個性の本質を守りながら、無理なくできる範囲で、一人ひとりが少しずつ調整し合っていく。すると全体がすばらしく共鳴するようになり、個人の人間の幅も広がっていきます。全体の中で多様なその人らしさを維持していくからこそ、うまく響き合ったときにすばらしい世界が現れます。

僕たちのチーズ作りもまた、こうした考えの上にあります。それはまた、そもそも自然界で生きものたちがやっていることでもあります。生きものたちの原点に根ざしたチーズ作りやもの作りについて、これからさらに考え、実践していきたいと思います。

3　僕らは次の時代を先取りしている

幸せを感じとる力を

前に述べたように、共働学舎新得農場には心身にいろいろな負担を抱えたり、日々の中で自分の居場所が見つけられない人たちがやって来ます。いわば人間社会の中で「弱い人」たちです。時間がかかりますが、彼らはこの農場の暮らしになじんでくると、自分ができることを自分で少しずつ見つけていきます。例えば、軽い農作業や、牧舎の掃除、羊やブタやニワトリの世話、あるいは出荷する野菜の箱詰めや、工芸品作りの手伝いなどです。メンバーの食事の用意や後片付けも、大切な仕事です。

一般の企業社会のスピードから見ればおそらく、仕事が遅くて話にならないという人ばかりでしょう。しかしここには基本的に、指示を受けたから、義務だから、と働く人はいません。いまここにいる自分ができることは何かを自分で考え、それに取り組むことで自分の暮らしを、不器用でもなんとか必死に成り立たせる。そういう人たちが、僕たちの仲間なのです。

社会的に弱い人にとっては、いたずらに伸びしろに希望を託すよりも、いまある力で堅実に生きていくことのほうに意味があります。僕は、「自分が幸福である」と感じられる生き方を、一人ひとりが見つけてほしいと思っています。そのためには、幸せを感じ取れる基盤が必要です。そこで有効なのが、生きものと関わることです。酪農でも農作業でも同じです。自分が世話をしなければ、目の前のいのちが消えてしまう。そこに気づいた人は、より強くなれます。

さらに言えば、人間だってこうした生きものの一つにすぎない。おいしいミルクをおいしいチーズに加工するために欠かせないのは、牛たちが健康に暮らし、チーズを作ってくれる微生物がいきいきと活動すること。そしてそんな環境があれば、人間だっておのずといきいきとしてきます。つまり微生物から動植物、人間にいたるまで、生きものをいきいきと活動させる環境を作ることができれば、全ての生きものは宇宙や太陽が司どる一つの摂理にしたがって健やかに、そして幸福に暮らすことができます。酪農や農業は、自然の大きなリズムに逆らわなければ（不協和音を出さなければ）、自然と豊かに響き合ってうまく回るでしょう。個人の生き方や、社会全体の営みも、またしかりです。

また農場では僕の長女が、毎週歌と絵のワークショップを開いています。歌を歌ったり、ライアーというシンプルな楽器を奏でたり、そして水彩（ぬらし絵）やリズム線描を描いてみる体験です。単に頭の知恵や工夫だけではなく、手足や身体を駆使するアートという営みによって心身を開きながら、自分を表現したり自分を見いだしていく。そこから、幸せを感じとる心（基盤）が育まれることが期待できます。

農場では、たとえば子どものときに統合失調症と診断された青年が、羊の毛でフェルトボールを作っています。羊毛を手の平で根気よく整えていくのですが、手の平へのやわらかい刺激が彼を落ち着かせるようです。そして何人かで工程を分担しながら、それを携帯電話のストラップにしていき、商品として販売します。これが売れたとき、青年とその仲間はみなとても喜びます。いままでの人生で笑ったこともなかった顔に、自然に笑顔が浮かぶのです。能率はとても悪くても、重要なのは彼が治療やリハビリではなく、生産をしていること。こういうところから、生きていく手応えがつかめるのです。商品にする予定もなく長い時間苦労して作った大きなタペストリーが、なんと10万円で売れたメンバーもいます。彼の喜びはどんなに深いものだったでしょう。

どんな人にも、自分で考えて自分で決める自由があるはずです。そこからささやかでも喜びの感情が生まれ、その積み重ねが、「自分が幸福である」気づきになります。

共働学舎新得農場で暮らすみんなに実感して将来に活かしてほしい3つのことがあります。

一つは、「苦悩や不幸は乗り越えられる」、ということ。自分の人生の主役であり主語になるのは、あくまで自分です。いろんな人に助けてもらいながらも、最後は自分で考え、自分で決めて、自分で行動する。小さなことからでもこれができれば、苦悩や不幸はきっと乗り越えられます。こうしたことを、自らのとてもダイナミックな生き方を通して語る、Dr.バリー・カーズィンという、僧侶で医師の方がいます。チベットでダライ・ラマの下で長年修業したアメリカ人ですが、彼の『チベット仏教からの幸せの処方箋』という本をたいへん興味深く読みました。

二つ目は、「健康や安心に結びつく食べものや環境を作ろう」ということ。そのための技術や知恵をさらにしっかりと確立していかなければなりません。

最後は、「経済優先の考え方を越えて、いのちを活かす価値観を広げていこう」ということ。経済優先の思想からは生まれ得ない種類の価値の世界を、探求していきたい。食の世界では、量を求めていけばどうしても品質は落ちていきます。そうしてできたものでは、いのちの力が弱まります。経済を動かす仕組みばかりが発達して、人間がそのシステムの歯車や奴隷になってしまっては本末転倒で意味がありません。これからの食のもの作りでは、いのちの力が息づく「品質と個性」こそが核心になるでしょう。

父とマザー・テレサに会いに行ったとき、彼女は、弱い人がいちばん必要としているものを届けたい、と言いました。僕たちの農場も、この願いを共有しています。

やがてあるときから僕は、ここに来る弱い人たちは、僕たちに何かを伝える貴重なメッセンジャーではないのか、と考えるようになりました。

いつの時代のどんな社会にも、それを動かす仕組みにうまく適応することができない人たちがいる。見方を変えれば、彼らは多くの人に、この社会がまだまだ不完全なものであることを教えてくれているのです。世界がいまよりももっと平和で安心に満ちたものになるために、さらには、多様な人たちがちゃんと自立してそれぞれの個性を活かしながら、その上で豊かに響き合って生きていくために、僕たちは彼らと共に働きながら、彼らから何かのヒントを受け取っているのにちがいありません。社会がまだ解決できない問題を解決するために、僕たちにもできることがある。そしてそれは、次の社会がさらに切実に必要とするものではないだろうか。働く現場で、いつもそんなことを考えています。

ソーシャルファームと農村ツーリズムを結合

ソーシャルファーム（社会的企業）というのは障がいを持っている人や少し対象となる人と一緒に仕事を作っていくという企業です。僕たちは農業を中心としてやっています。ここで生産したものを売って収入を得ています。その場合、農村をツーリズムで回って来る人たちやこうした活動に関心のある人たちを相手にしています。というのも、一般的な流通経路にのせると流通経費がかかって、なかなか実入りが少なくなってしまうのです。

それから顔が見える形で売るほうがメッセージも一緒に伝えながら売ることができる。

ですから、農村ツーリズムやエコツーリズムで来てもらい、現場を見てもらって話をして、作ったのはこれです、と買ってもらう。ソーシャルファームそのものを直(じか)に見て、聞いて、感じて、そしてその製品を買ってもらうことが大事だと思っています。

そこで、不登校経験者や刑務所出所者などを受け入れているソーシャルファームの仲間たちと「十勝ソーシャルファーム・ツーリズム研究会」を作ったのです。その活動拠点・研修の受入施設として、「カリンパニ」という小ホールにチーズづくり体験や料理教室のできる加工室のある施設を一昨年（２０１５年）春に建設しました。

ソーシャルファームを進める人がここで会議もできますし、地域の人たちも使えるようにしているし、農村は農業生産だけではない、ゆっくりとした都会にはない生活を楽しむ場でもあるという魅力をどうやったらできるか研究し発信する所にしていく予定です。

これまでは、カフェ「ミンタル」でやっていたのですが、カフェの様子を見ていると、半日ずーっと外の羊を見ながら過ごしている人がいるわけです。カフェでソーシャルファームの話や講演会をやっていると、そうした人のせっかくの時間を邪魔してしまう場合もある。

ミンタルはガラス張りで光が入ります。ストーブもいらず、暖かいのです。そこでまたコーヒーに凝っているスタッフがいれたコーヒーがとてもおいしいのです。コーヒーとチーズケーキで半日雪を見ている人がいる。一人静かに過ごせる空間と時間が提供できるわけです。僕らのような農場が存在していること。それを見に来てくれること、体験してくれることで、きっと世の中に何かの波を広げることができると思っています。

ゆっくりでもかまわない仕事を作る

心身にいろいろな困難を抱えたり、生きにくいと感じている人が一緒に暮らす共働学舎では、「弱い人」は必ずしも一方的に「助けられる存在」ではありません。学舎で暮らし始める人はよく、健常者と障がい者の区別がなんだかわからなくなると感じます。

ここでは弱い人も強い人も対等ですし、強い人が弱い人から教わることだってたくさんあるからです。さらには、いわゆる「強くて優秀な人」が集まって何かをしようとすると、往々にしてうまくいきません（笑）。俺のやり方が優れている、いや俺のほうだ、とケンカが始まったり。でもそこに「弱い人」がいると、和が生まれるのです。

いくら理屈を振り回したって、しょせん自然の仕組みに逆らっては効率を上げることとなどできない。人はそんな当たり前のことに気づいていくでしょう。これは社会全般に当てはまることですし、信州・小谷村真木の暮らしを撮った映画『アラヤシキの住人たち』で本橋成一さんは、近すぎず遠すぎない絶妙の距離感でまさにその現場をいきいきと撮ってくださいました。それは宮嶋眞一郎（元自由学園教員・共働学舎創設者）の教えを深く自分のものにした、本橋さんからのメッセージだと感じました。

共働学舎には、長野県小谷村の真木と立屋、そして北海道の小平町と僕がいる新得町、合わせて4つの農場があります（ほか東久留米市に東京共働学舎）。新得の場合は酪農中心で規模が大きく町にも近いので、暮らしのスタイルはおのずと違います。でも、さまざまな境遇にある人たちが、自労自活の精神で暮らしているところはまったく同じです。

大所帯である新得では、自労自活の手段として、チーズを中心にしたもの作りに取り組んできました。最初に考えたのは、ものがあふれている現代で、量的競争をしても勝てっこないということ。どのみち僕たちのメンバーの多くは、機械やコンピュータを使いこなすことはできません。では何ができるのか？それは、ゆっくりでもいいから小さいことを着実に積み上げていくような仕事です。ゆっくりでかまわないのなら、どんな人でもできることは山ほどあるのです。

僕たちのチーズ工房には、大きなメーカーにある機械はありません。搾ったミルクを運ぶのにもポンプを使いません（高低差を利用して搾乳所から工房に自然に流します）。工程はみな手作業でできることばかり。そもそもおいしいチーズを作ってくれるいろいろな微生物たちは、ゆっくり自然のままに生きている。チーズを作る人間のほうだって、そんないのちの大きな流れに従うことが大切なのです。

重要なのは、「そうして自分たちが暮らす土地からゆっくりと生まれるものに、いかにして高い価値をつけていくか」。問題はここです。共働学舎新得農場のチーズは、やがてヨーロッパのコンクールで高く評価されるようになり、そのことが日本での評価を高めてくれました。こうして経済的に自立する仕組みができていきました。

チーズ工房のほかでも、牛やブタ、鶏、羊の世話などもみな機械は不要で、ゆっくりでもよいから人間の手で毎日こつこつと続けていく種類の仕事ばかりです。野菜作りにしても、いろんな人が、何かの決まりや誰かの命令があるからではなく、自分が生きていくために自ら進んで少しずつ関わって成り立っています。一人ひとりが無理なくできる範囲で。ここがポイントです。

僕たちがチーズ作りを学んだのは前述したように、フランスのアルザス地方でマンステールチーズの協会を率いながら、フランスチーズのＡＯＣ（原産地呼称統制）の仕組み作りを進めたジャン・ユベールさんです。いまから28年前に初めて訪ねた先は、あるエコミュージアムでした。アルザスの美しい田園の中に、２００年以上前に建てられた農家などを移築再建して集落を作り、そこで産業革命以前の方法で農業や酪農、チーズやワイン作りを行っているのです。全ての動力源は、電気でも内燃機関でもなく、水車だけ。

地域の歴史的な営みの集積をまるごと時間と空間の博物館にしようというエコミュージアム運動は、その後日本でもさまざまな紹介や研究、実践が進みましたが、当時はとても珍しいものに感じました。ユベールさんは、これがフランス食文化の原点なんだ、と強調しました。そうか、こういう暮らしをお手本にすれば、僕たちも新得でやっていける。そう直感しました。

『アラヤシキの住人たち』の舞台の真木（長野県小谷村）の暮らしも、車が入れない集落ゆえに一旦途絶え、しかしそのことが今になって、土地の古くからの暮らしが守られてきたことにつながりました。規模と効率最優先のアメリカで酪農を学んだ僕ですが、だからこそ、その真逆であるいまの仕事と生き方がある。本橋さんの映画を見て、あらためてそんな感慨も覚えました。

農場の究極の目的

障がい者は救済されるべき対象ではなくて、むしろ世の中を変える先駆者です。病んでいるのはむしろ表の世界の人間であると。今一般の人がはるかに病んでいると訴えていけば、共感を得られると思っています。ここは今の社会のアンチテーゼなのです。

具体的には、その人がその人の考えで自分の肉体を使って自由に行動していけることを目指しています。

この農場の究極の目標は、利潤を出すことではありません。「その人その人の考えで自分の肉体を使って自由に行動していけるようになること」です。命令も指示もノルマもありません。

彼らは、それまでもいろんなトラウマを抱えてきて、新得農場に来てやっと自由になれた。「望さんは自由を尊重してくれるから、ここにいる。やらしてくれないなら、こんなとこにいないよ」と。

毎朝、食事が終わると、牧場外で暮らす人も含めて全員が食堂に集まります。そして、その日は何をするのか、各人が自己申告します。いっさいの押しつけがなく、最初から

「君、今日何をやるの？」と訊かれて、自分で決められます。

牛の飼育法も含めてそのスタイルを取っています。僕なりに考えがあるので、「僕はこうしたほうがいいと思う。しかし、決定権は君にある」と伝えます。

飼育法は、チーズの質にも関わり、農場運営の根幹に関わることですが、「俺の決めた通りにやってくれ」とは言わない。本人が理解しないとダメだからです。本人が本気で理解しないと、本当の意味でやらないではないですか。強制しても「言われたとおりにやってますよ」と言ったら、やっていることに責任を持たなくなるのです。

その結果として本来あるべき飼育法とは違う飼育法をやるスタッフも少なからずいる。僕のやり方に反発する人間は「生産力が落ちて稼げなくなったら、どうするんですか。みんながこれだけできる生活を」と言う。そういう連中は自分の子どもがいて、教育費がかかるから、確実に収入が出ないと困ると思っている。だから安全策を考える。

「そうやっているから稼げないんだよ」と言っても、「そんなこと言っているのは望さんだけじゃないですか。世間では全然違いますよ」となる。一般的な価値観が入ってしまっているのです。オリジナリティがあって、付加価値のあるものを生み出すことで稼ぐという路線を理解できない。共働学舎の理念として「それは違うだろう」とずっと提案しているのに、怖くて一歩を踏み出せない。

苦しいときには目先のことばかり見てしまう。独自の路線は怖いから冒険できないのです。さあ、冒険しようと呼びかけても、怖がっている人にはイメージできない。それに、冒険の最中には実際失敗をすることもありますからね。

自労自活とソーシャルファームのこれから

僕らはこれまで「自労自活」をやってきた。それが、いまはソーシャルファームという言い方になっているのだと思う。ソーシャルファームを目指したわけではなかった。いま、ソーシャルファームジャパンという団体が、日本の法制度にソーシャルファームを組み込み国に認めてもらえるようにしています。公益的な仕事をしているのだから、税金の還付なり減税なりできるようにしましょうと主張しているわけです。そのとき僕らのやってきたことがそこから外れないようにしてくれよと言ってます。

抱えている問題を積極的に外に出そう

多く人間が集まっているのだから、僕は問題が起きることは、これも自然なことだと思っている。これは父を見ていて思ったことでもあります。

父は共働学舎の中ではカリスマ的な存在でした。ただ、掲げた理想と実際には根本的に片づかない問題も出てくるときに、周囲の人々がとりあえず片付けてしまうのです。父は目が見えないこともあり、何が問題なのか自分ではなかなか確認できない。こうして、問題に対処できているうちは父には報告は上がらないのです。

例えば、メンバーの状態について報告があっても、「大丈夫だね」となる。しかし、本人のトラウマのようなもの（トゲ）が根源的に治っていないことがあるのです。一緒に生活していて親切にされているし、親父からいい言葉をかけられるから、自分の中にそれをおさめて、表面上「ここにいてうれしい」とやっているわけです。

しかし、根源的に解決されていないから、何かの拍子にそれがふっと出てきます。それが喧嘩の形や、特定の人間にちょっかいを出すということになる。それを周りがコントロールできているうちはいいけど、できなくなった段階になって、ようやく父が問題の存在に気がつくことがあった。父はどうして急に表面化したのか理解できず、それでよく苛立っていました。

むしろ、問題はどんどん起きて早めに認知できたほうがよい。問題が根元的な場合は簡単には解決できないから、時間をかけて丁寧に考えていくしかない。でも、問題が起きるというのは、次に進むための課題がはっきり与えられたということだと思うのです。

ですから、新得共働学舎では、いま自分の中にある問題を積極的に外に出してしまおうとしています。杏奈の声のワークにしても、水彩ぬらし絵にしても、課題を浮上させるためでもあります。問題が何であるのか本人も周りもわかっていないわけですから。けれど、それが浮き上がってきたときに、何か歪みがあるということがわかってくれば、本人がまず認識して、周りも認識することにより、その歪みがどこから来ているのかわかってくる。

ぬらし絵で怒っているような顔を描いている者がいます。なんで怒りがあるのだろうと思ってお母さんに聞いたら、「わからない、色々本人も表現したい事があるんでしょう。これまで勤めたところには、厳しい労働条件のところもありましたし……。でも新得共働学者で働くようになり、落ち着いてきて、居場所ができ安心してるのがわかります」と。

今は怒っているような絵は描かなくなりました。彼は精神疾患を持っているが、色の配合はプロ。完璧なバランスのとれた魚を描きます。それがきれいなのです。

本人は会話をあまりしないけど、食堂の階段からみんなの会話をじーっと聞いている時間が長くなってきました。仕事も、寒い中でもよくやります。これからは、更に色々なことを抱え込まないで発散するのが上手になることが課題のひとつです。

問題は早く出せ。抱え込むなということです。小さなうちに出しておかないで、抱え込んでいると後で爆発するものです。

いま解決できない問題は次の時代に求められている需要である

いまの社会福祉制度では、ケアの対象にならない人たちがいる。軽度の障がいがあったり、うまく考えられない、感情がコントロールできないといった人たちです。そうした人は仕事がうまくできずに、職場から「お前はもういらない」と言われ、家族からも「手がかかってどうしようもない」と言われて、追い出されてしまう。行き場所がなくなった人たちが、社会の中で一番弱い立場になってしまっています。

でも、その人たちも生きる喜びを感じて生きたいと思っています。その人たちこそが最も重要だと聖書「コリント第1の書十二章」にも書いてある。弱いと思われている器官は、体のなかに調和を生むと書いてあるわけです。だからそこには何か役目があるはずです。

新得共働学舎には、いろいろな人から連絡が来ます。引きこもりを続けているから受け入れてくれとか。東日本大震災で被災した親子を受け入れもしました。

そういうとき「また負担を抱えた人が来てしまう」と感じたら拒否したことになってしまうが、その意味は何なのだろう。笑顔で迎えられないということは、うちもその人の存在を拒否していることになってしまう。

「共働学舎の構想」の中で触れた聖書の言葉は、彼らにも存在理由があると言っている。だから笑顔で迎えられる理由はないかなと考えました。それをずっと模索して、「あ、なんだ！」と思ったのは、社会が解決できない問題の一つを伝えに来ているのが、彼らなんだと思ったのです。

家庭で、学校で、職場で、生活保護などの社会保障制度で、既存の制度では解決できない問題があるから、人が全国からうちに来るわけです。うちは社会福祉法人でも何でもないのに。それは一つのメッセージであり、日本の社会で解決すべき問題の一つだと示しているのでしょう。日本国憲法には、全ての人に人権があって、最低限度の生活を保障すると書いてあります。それがいま、この国ではできていないわけです。

もし彼らがうちで生活するなかで、前向きに人生を考えるようになり、何かしらできることを見つけて活動し始めたとしたら、そこには問題解決の糸口があるわけです。彼らはそれを伝えに来たメッセンジャーなのです。

次の世の中がもう少しよくなるために、何が必要なのかを伝えに来ている。これはとても大切な、大きな使命でしょう。

昔、炭坑に入るときに、カナリヤを持って入ったといいます。鳥は、人より弱いから先に倒れて警告を発して、人の役に立った。人は体調が悪くなると、最初に一番弱いところが機能しなくなる。それで、病気だと気づき、生活習慣病なら生活を改めなくてはいけないと気づくわけです。

生き物が命を維持していくためには、問題が起きたときに警告が必要です。このままではだめだ、ずれているという警告。それはまず一番弱い部分が発します。肝臓のように、病んでも痛みを伝えない臓器は、黙って頑張り続けて、限界を超えたときにはドンと壊れてしまう。そうなれば体全体の健康を大きく損なってしまいます。

そういう面で見れば、社会の命を存続させるためには、本当は堪えて堪えて頑張って社会の中で良いポジションを維持している人よりも、「もうやってられるか」と出てきてしまった連中のほうが重要かもしれません。

一人ひとりの自立が問題の解決方法だ

父は共働学舎の理念として、自由学園の理念でもあった「自労自活」を再度掲げました。

僕らの仲間になった一人ひとりが生きていく意義を感じられるように、自分の持っている隠れた能力を見つけて、自分の意志で活動しだせるような環境を整えていく。そして、それらを総合したときに、世の中が必要だと思ってくれるような存在になろうと願ってきました。それはモノでもいいし、サービスでもいい。生き方そのものが情報として出ていくことでもいい。世の中から「これが必要だ」と思ってもらえる存在になると経済活動として成り立つ、つまり自立して生きていけるのですよね。

「解決できない問題」というのは実は「隠れた需要」なのです。これまで世の中で主流となっていた価値観では、どうすることもできない状況が社会の中に増え、無視できないほどになっている。引きこもりの人は、いま70～80万人と言われています。そういう人を一方的にケアするだけなら、社会的コストがどんどんふくれていきます。今は親の貯蓄で養っていますが、あと20年、30年経ったら、だれが生産に携わり、社会を維持するための経済を担っていくのでしょうか。親の資産がなくなれば、生活保護を支給することになるでしょう。受給者がさらに増えていけば、すでに莫大な借金をしているこの国は、破綻するのではないでしょうか。そこまで見据えた議論はまだまだですね。

そうなる前に共働学舎が「こうやったらいいんじゃないですか」と提案する。需要と供給が成り立っていれば、経済として動き出すはずです。社会的企業という言葉が知られるようになっていますが、問題を抱えて行き詰まっている人が、ここで必要な生活費を払って、自労自活する道を探る。そうすると、この問題の解決の場としての共働学舎を維持していくことができます。

今も運営は決して楽ではありませんが、食べ物と家はありますし、必要な最低限のお金さえあればみんなで何とか生活できるという自信もあります。やはり、一人ひとりを活かしていく、一人ひとりが自立するという方向に行かない限り、本当の意味でこの問題の解決方法はないと思っています。一人ひとりの隠された可能性を見つけて力を発揮し、活き活きとして協力したほうが強いに決まっているのです。

共働学舎流の生き方

自立とは何かというと、日本人の平均収入くらいを稼がないと自立ではないというのが世間の主流の価値観です。しかし、生活スタイルは、いろいろあっていいと思っています。年収何百万円ないと生活できないというなら、それはそれでいい。だけど、僕らは、一人が受け取る現金収入が年間数十万でも、おいしい食べ物を作り、地下に炭をたくさん埋めた良い環境の家に住み、エネルギー消費は最小限に抑えた暮らしをしています。その日の活動は、朝の自分の心に従って申告すればいい。この場所で、いまの社会には合わず行き詰まった人が働けている。この暮らしに満足し、意味があると思う人もいるということなのです。

共働学舎全体としては、スタート時から現時点まで、寄付で支えられている側面があります。しかし最終的には「共働学舎の構想」にもあるように、自活することが目標です。そこで、僕はチーズ作りでこれをめざした。もちろんスタート時点では、牛や設備を整えるために、どうしても借金せざるをえなかった。しかし、いま、新得農場に限ってみれば生活費と運営資金は自分たちで稼ぐことができるまでになっています。

支え合う社会や組織のほうが強い

自主性を基礎に置いているので、働かない人間もいます。また、働くとしても自分なりのやり方で、自分のできる範囲でしか働けない人間も出てきます。一般的にいえば、働かず十分な稼ぎもないのに生活するのは、働かざる者食うべからずの原則で許されないことだとされるかもしれません。フリーライダー（ただ乗り）などという言い方で非難されたりもします。

でも、ほんとうにそうでしょうか。例えば、高齢者。幼児や子ども。病気で療養中の人。失業中の人。修行のため乞食（こつじき）している出家者や宗教者。こうした人たちが、働いて収入を得ることなく、誰かや社会の保護を受け支えられていても非難する人はいません。

家事でも、勉強でも、ちょっとした活動でも、あるいは娯楽でも、何らかの肉体活動や、精神活動をしています。それらを働きと呼んでもよいのではないでしょうか。収入を得る働きがあるかどうかは、人間の尊厳にとり必ずしも必要ではないはずですが、人は必ず働く存在だと思います。働くことは生きることと同じだと思います。

いや、怠け者で働かない人は違う、というかもしれません。でも、働くことが楽しければ、きっとその人は働くでしょう。働くこととは生きることと同じということは、働くことを避けるということは、生きることが楽しくないということです。

生きることを喜びと感じられることを究極の目的としている僕らは、働くことも楽しくありたいと思います。それには、まず自分で何をするか決める自主性がなくてはならないでしょう。自主性を持つことで働くことが楽しくなり、生きる喜びを得るという方向性が生まれます。

これは、会社などのビジネスでも、社会全体にもいえることだと思います。短期的には効率的とは言いませんが、長期的には、労働を義務や苦役と思うのに比べ、多様性があり持続可能な集団として、より付加価値のある結果を生み出すと思います。

新得共働学舎は社会や世の中の先駆け

僕がこの本でいちばん言いたいのは自主性を生かしましょうということです。それが世界につながるのです。幸福感というのは感情です。感情は何か。相手がいなければ感情はわかない。感情とは何か。共鳴をしたときに、うれしいと思うということ。それは何か？自分が選んで、自分がやっている仕事が相手に喜ばれたときにわく感情です。これが生きる手応えです。

何がそれらを阻害しているか。指示、命令、強制なんです。それは組織を維持するため仕方のないパワーとみんな思っています。社長とか取締役と誰か頭のいい人が考えて組織の方向性を決めているわけです。ヒラの人は命令に従ってやらざるをえない。自分で考える必要はない。そこに生きる責任を持てない。そこのところに感激はない。感情を掻き立てるもの、喜び、共鳴がない。

これは哀れむべきことであると同時にぶち切れた人は命を殺すことまでします。いろいろ残酷な事件が起き続けている。その延長上に戦争がある。ＩＳみたいなのが出てくる。

それぞれ一人ひとりがどんな能力によってではなくて、その意思を持って、どうやって生きていくかということを決めるべきです。幼くて欠点もあるかもしれない。補ってやる配慮も必要かもしれない。でもそれを認めることでその人を含めた社会を作っていかなければならない。

イタズラばかりする子どもに「そんなことばかりしていたら壊しちゃうよ」と注意しながらも、見守り大きく抱えてあげる。そのことにより一方的に叱って強制するのでもなく、甘やかすのでもない第三の雰囲気が出てくる。それがないと、ほんとの意味での和はできないし、愛情を感じる人もいない。でもそれをやってくれたら、愛情はどこかで感じられるはずです。まず、肯定して受け入れること。それが共感と信頼そして愛情の始まりです。

以上のようなことは、僕らのような社会企業（ソーシャルファーム）だけのやり方に限らないと思います。これからの組織やビジネススタイルも同じようなスタイルが求められていると思います。需要を満たすための活動であるビジネスや会社組織でも、成果を上げる方法だと思っています。時代は情報化で速度が増す一方です。新たな環境となり次々と新たな問題に直面することになります。

最初にも申しましたが、生命の世界は、弱肉強食だと思っている人がいるようですが、それは間違いです。生命の世界は適者生存です。そして、多様性（ダイバーシティ）がなくては適者生存できません。これまでの環境に適応した者が役に立ち、それ以外の者は役立たずと烙印（らくいん）を押されてきました。しかし、環境が変わることで、役立たずのように思われた者こそ次の時代の環境を生きる可能性を持っています。

これまでの社会で生きることの困難を抱えた者たちが直面している問題こそ、次の時代が解決を求めている問題です。求められているということは、ニーズがあるということであり需要＝ビジネスが生まれる場所だということです。

そして、組織や集団あるいは社会がそのビジネスに対応するには、多様な人間が個性を発揮するままにいなくてはなりません。その根本は自分のことは自分で決めるという自主性ということです。企業や組織の活動においても、社会においても自主性こそが活性化の元ですし、メンバーの生きがいや幸福の基礎です。

僕らのやってきた四〇年間の生き方は、社会や世の中の先駆けたモデルだと思っています。

【コラム】居場所を見つけたイチカワとテス

イチカワは2002年にうちに来ました。サリドマイド薬害で生まれたときから両手がなくて、いわゆる「社会的弱者」と呼ばれます。しかし、どこが弱いんだろと思うくらい強靭（きょうじん）な精神力の持ち主です。

彼は誕生した直後に、乳児院の前に毛布にくるまれて置かれていたそうです。そして、誰が両親かも知らず乳児院や障がい児のための施設で育ちました。

他の子どもたちと違い、いくら待っても訪ねてくる家族はいませんでした。伏せられていた出生の事実を知らされたのは10歳のときでした。

「両親に会いたい」という思いは中学生のときに、父親との再会として実現します。「なんで捨てたの」と聞きたかったと言います。

実は、彼の育った「島田療育園」に僕は高校生のとき父に頼まれてクリスマスにケーキを届けに行ったことがあります。弟の信はそこで働いてきたことがあり、当時のイチカワを覚えていると言います。

その後、筑波大学を卒業しますが、ヤクザの債権取り立ての仕事をするなど荒れた生活をしていたこともあったと言います。

イチカワが来たとき、「何をすればよいですか」と聞くので、いつものように、「やりたいことをやってくれ」と答えました。最初は戸惑っていたようです。「まず3カ月ここにいて、それから、そのままいるかどうか自分で決めろ」と伝えました。

3カ月後、彼は「ここにいる」と答えました。それから15年になります。

ごつい顔をしているのですが、人一倍意思の力が強く、朝も一番に起きて仕事を始めるものだから、農場全体がみんな早起きになりました。また、僕にも遠慮なんてしないから、チーズの出来についても、売らんかなとマイルドにすると「消費者に媚びてる」とはっきり言う。

そのイチカワの身の回りの世話しているのがテスです。彼は体重130キロはある巨漢ですが、中学でイジメにあって学舎に来ました。イチカワがやって来たときはテスは16歳と親子ほどの年齢差でしたが、誰も何も言わないのに自然と手助けをするようになったのです。やって来たときはかなりコワモテで、周囲を威圧する感じだったイチカワが、テスがそばにいることで自然にこわばりが緩んでいきました。

野菜畑のスタッフたち

資料　共働学舎とはなにか　（「共働学舎の構想」より）

自労自活――共働学舎の構想を実現するのが我々の仕事

※宮嶋眞一郎の「共働学舎の構想」から要点をまとめました。

競争社会ではなく協力社会を

多様である故に一致するときにこそ価値がある人間の生命を、可能性を見出しつつ育てるところに使命をもつ。

人間一人一人に必ず与えられていると信ずる固有の命の価値を重んじ、互いに協力することによって、個ではできない更に価値のある社会を造ろうと願うものです。

福祉事業への願い

不完全であっても、弱くはあっても、与えられている力を積極的に生かし、互いに協力して喜んで自分達自身の力で生きる社会をつくることは、難しくはあってもできない筈はありません。肉体的、精神的、能力的、或いは境遇上の様々な差異はあっても、一人一人の生命力を出来る限り素直に伸ばせる新しい社会をつくりたいのです。

手づくりの生活を

自らの力でつくり出すことの喜びを味わうことが、生活の豊かさの大切な要素ではないかと考えます。その苦労が人間性を高く深く成長させると信じます。苦労はあっても生きるものすべての本来の望みである生活の自由がそこにあります。創意と工夫がもたらしてくれる自主独立の手づくりの生活が生じます。それぞれに与えられている個性と能力が生かされる舞台があります。この勤労生活は、近代社会の特徴とされる分業制度よりも人間互いの関係が親密になり、家族のような強い心の絆を必要とします。

真の平和社会を求めて

人類全体を堕落させない為の、見えざる神の経論であるという逆説を深く理解するときに、身代わりとなって重荷を負うこの人々を疎外するのではなく、むしろこれを尊び、その個々の中心に秘められた神性を学びつつ、共に生きる社会をつくることが私達の究極の願いであり、生きる目的ではないかと考えます。人間一人一人は、調和ある真の平和社会をつくるために、誰もが必要な存在として造られているのだと信じます。私達は、競争社会よりも愛による協力社会の方が、個人としても社会としても豊かになり得る事を信じます。

共働学舎は、この願いと祈りをもって秘められた、独立自活を目指す教育社会、福祉集団、農業家族です。

宮嶋眞一郎のプロフィール

大正11年6月18日名古屋にて生まれる。中学1年より、羽仁吉一、羽仁もと子創立の自由学園にて学び、卒業後自由学園に教師として残り、31年間男子中学・高校生と生活する。英語教師のみならず、生徒と植林、スポーツ（サッカー）農作業などを共に行う。50歳にて退職し、父親の郷里である長野県北安曇郡小谷村にて心身にハンディのある人たちとの生活「共働学舎」を始める。

【解説】

２０１５年４月27日、共働学舎の創立者である、父の宮嶋眞一郎が亡くなりました。92歳でした。

宮嶋眞一郎が１９７４年に長野県北安曇郡の小谷村（眞一郎の父のふるさと）で共働学舎を立ち上げたとき、土台に据えたのは次の４つの理念でした。「共働学舎の構想」の中の文言にこうあります。

●弱い人間が淘汰されてしまう競争社会ではなく「協力社会を」
●お金がなくても自由と尊厳をもって生きていける「手作りの生活を」
●法律や行政に依存するだけではない「福祉事業への願い」
●他を愛し共に生きることができる「真の平和社会を求めて」

眞一郎のかかげた精神を一言で言えば、「自労自活」です。たとえ心身に重たい困難を抱える境遇にあっても、自分で自分の生活を成り立たせていくということ。この考え方は、僕自身大好きなものです。これができれば、多くの人が生きることの自由や手応えを実感できるでしょう。しかし当然、実践するのは並大抵のことではありません。

本書でも述べましたが、眞一郎が50歳で共働学舎を立ち上げた年、いささか父との葛藤を抱えていた長男である僕は、そこから距離を置くようにアメリカに行きました。ウィスコンシン州の牧場で働き、ウィスコンシン大学で酪農を学びました。4年あまりアメリカで暮らしてたくさんのことを身につけて帰ってきた１９７８年、新得町から支援をいただき、家族ら６名で共働学舎新得農場を開きます。共働学舎４番目の農場でした。

当初から僕たちが取り組んだのは、お金がなくても持続的に自活できる仕組みを早く作ること。最初に手元にあったのは、新得町が無償で貸してくれた山の町有地（30町歩）くらいです。ここに家を建て牛を飼いチーズを作り、自分たちの食べものは、野菜を作ったり豚やニワトリを飼って、米以外はだいたい自給する。たくさんの方々にご支援をいただきながら38年経ったいまでは、ヨーロッパでも評価される高品質のチーズができるようになり、１２０町歩を超える土地で酪農と農業をして、74人くらいの人間が暮らしています。このうち半分くらいが、心身になんらかの負担を抱えている人たちです。

共働学舎には、いろいろな困難を負っているさまざまな人が来ます。例えば、自閉症、癲癇（てんかん）、弱視、統合失調症、躁鬱（そううつ）、引きこもり、学習障害、アスペルガー症、ホルモン異常症、サリドマイド症候、舞踏病、ホームレス、弱視、DVに悩まされている人々、などです。

父の心にはいつも、新約聖書の「コリント人への手紙第一12章」が息づいていました。人間のからだについて、それはただひとつの肢体（器官）ではなく、多くの肢体（器官）から成り立っているのだ、と説かれる章です。

この章の17節からは、「もしからだ全体が目だとすれば、どこで聞くのか。もし、からだ全体が耳だとすれば、どこでかぐのか。そこで神は御旨（みむね）のままに、肢体をそれぞれ、からだに備えられたのである」とあります。

それから、「目は手にむかって、『おまえはいらない』とは言えず、また頭は足にむかって、『おまえはいらない』とも言えない。そうではなく、むしろ、からだのうちで他よりも弱く見える肢体が、かえって必要なのであり、からだのうちで、他よりも見劣りがすると思えるところに、ものを着せていっそう見よくする」と続きます。

つまりここでは、世界にはむしろ弱いものが必要なのだ、と書かれているのです。「弱いものの小さな声」に耳を傾けること。強いものと弱いものがそれぞれあって初めて、世界は調和を持って一つの豊かな響きを奏でるでしょう。父は、弱い人たちが自労自活できるようになることが、弱い人たちだけにとどまらず世界の全体に意味のあることなのだ、と信じました。強いものだけ、弱いものだけの世界があるとしたら、そこでは深い共鳴が起こりません。それはなんと薄っぺらで脆弱（ぜいじゃく）な世界でしょうか。

現在の新得共働学舎（共働学舎新得農場）は、父が40年以上前に構想した理念を僕たちなりに実践してきたものです。そして、現在も「共働学舎の構想」の実現に向けて進み続けています。

あとがき

世界規模で大きな変化が人の内側から現れてきているように思います。次に来る社会は言語に固められた〝主義〟や契約ではなく、一人一人の心を中心に据えることになるでしょう。

ＳＮＳなど通信機器がいきわたり、言葉やサインで意思を伝えられるようになりました。しかし、ＹｅｓかＮｏや事実確認以外の微妙な表現は誤解を生みやすい。嘘もつけるし、〝なりすまし〟も出来てしまう。目を合わせ直に話しているときとは明らかに違う。目を合わせお互いに聞こうという意思が働くときには理解をして合意は容易ですが、メール上での合意はそう簡単ではありません。一つの言葉を書き手と聞き手が異なるイメージでとらえると、話は拗れ誤解から面倒な事柄が数多く起こってしまいます。言葉は契約とみなされ、自分の気持ちよりも文字が優先してしまうからです。だからこそこれまでは言葉による契約社会として成り立ってきました。しかし、これが覆ろうとしているのです。

このシステムから外れてしまった人が多すぎるからでしょう。外側からの期待や指示に従って行動することが出来なくなっている人たちの叫び声は、なんらかの警告としてとらえるべきです。彼らだけでなく、多くの人が自分の一生を自分のものとしては捉えられず、生きている意味を自覚できなくなってきているのではないでしょうか。

生身の意志を持つ人間を活かすはずの人間社会が硬直し、逆に意志を持つ人間を殻の中へ押し込んでいるように思えます。流行りの映画の中でも力を持つヒーローは素顔を出さず、仮面をつけ、昆虫のように殻で姿を覆っています。一方で、ＴＶやウェブのコマーシャルではしきりに製品のしなやかさ、柔らかさをうたい、〝おもてなし〟を強調して安らぎを与えようと一人一人に語り掛けています。大勢を動かすヒーローには仮面をかぶり鎧をまとい、時々に変化しないものを期待し、身近の生活では柔らかく、温もりを感じさせてくれる空間を求めている人々の姿が浮き彫りになって来る。ここに生身の人間が生きるということとの矛盾はないのだろうか。

〝生きもの〟の行動を突き動かす感情は刻々移り変わり一定ではなくうねりのように高まったり穏やかになったりしながら続いているものです。この揺らぎのような動きを社会の仕組みが内包しきれなくなっていると思うのです。フランスの人口学者のエマニュエル・トッド氏もまた違った角度から世界の行き詰まりを指摘しています。

生きものや自然が持つ〝うねり〟が複数重なり共鳴した時には大変な力になりますが、

逆転に位相がずれるとお互いに力を削り、打ち消し合ってしまいます。そのために、かつては国家が情報を一元で管理し国民を動かし、戦争行為を正当化しようともしていました。いまや各々情報の発信が誰でもできるようになったことで自ら情報の真偽を判断する機会は圧倒的に増えましたが、一人一人は何を基準に真偽を判断するか迷い、本人の生きる指針がはっきりしていない限り、やはり情報の振り回されているのが現状です。そして、社会に対する不安感がぬぐえないでいるのです。

かつて皆が切望したようにカリスマが出てきてリードされたいのでしょうか。それでは自らの責任は放棄され、依存心が助長されるだけです。自立した人間としての責任と安心を手にすることを望むのであれば、全体として進むべき方向を示唆し、将来に対する自らの判断の支えとなるものを持たなければなりません。そして、次の社会が必要としている要点は、現在の社会に対して警鐘を鳴らしている人々やはじき出され生きる術を失ってしまった人々が、何を求めているかを探り分析することで見つけるのではないでしょうか。

環境のエネルギー変化を含め、タイミングを見つつ、ここぞという時に一歩を踏み出せるか否かで、その人の一生の方向が変わってしまうものです。もし個人が次の社会が必要としている事柄を見つけ、どのように実現していくか提案し、多くの人の共感を生んだとすれば、言葉で固定されているシステムの役割の中でも、最大限の可能性を拡げ、組み合わせ、全体としての新しい一歩を踏み出していけるようになるのです。人間の感情は一定ではありませんが、意志を働かせることにより感情の波を変調させ、周りの動きに合わせ大きな波を作ることができます。その意志の力を外に頼らず、自ら動かせるようになると道は拓けてきます。

僕は縄文時代やマヤ、インカの遺跡を見ることで、大勢の人々が気持ちや意志を統一し、うねりを共鳴させ大きな力を生み出した仕組みが見えてきました。天体の力も取り込んでいたのでしょう。だからこそ天文学が必要だっただろうし、地形や巨石で共鳴を生む仕組みが必要だったのでしょう。現在はＴＶやウェブ情報が気分の高揚を作り出していますが、それは言葉や目に映る映像を介して創りだしているのであって、生き物として全感覚をもって共鳴しているのではありません。今それが可能なのは食べ物や飲み物でしょう。そこには感触も色も香りも実体として届けられます。〝おいしい〟とは本来総合的な感覚を合わせたいのちの共鳴であり、気分の高揚につながっていく重要なものだと思います。自然との一体感を食べ物や飲み物、そして空間を通して感じられるならば生き物としての身体を生き生きとさせていくことが可能になるのです。そういう価値観を皆、切望しだしたのではないでしょうか。

このことを一人一人が自覚しだしたときにはじめて本当に〝民が主人公〟になる社会が生まれるのではないでしょうか。そこではお金や地位や力による統治は時代遅れとなり、いのちを活かす価値観が共有されるようになるでしょう。誰がその方向へ一歩を踏み出すのか。引きこもっていた若者たちはすでに一歩外へ出てしまっていたのでしょう。いまこそその警鐘を受け入れて新しい方向性を示さなければならないのです。この本がその一助となったらうれしく思います。

厳しい出版業界の中で奔走してくださり、〝共鳴力〟という言葉を引き出し、この本の出版を目指してくださった増田圭一郎社長、守屋汎さん、船津久子さん、僕の口述を編集してくださった井内秀明さん、井内直子さん、僕の発言を新得共働学舎のウェブページでまとめてくれている谷口雅春さん、共働学舎やメタサイエンスに興味を持ち、力強く応援をしてくださった方々。そして数多くの話題提供をしてくれている新得共働学舎の面々、微妙な表現や一人一人の心持を細かくアドバイスしてくれた妻・京子と子どもたち、この本の出版に係ってくださった多くの方々に本当に感謝いたします。

ありがとうございます。

宮嶋望（みやじま のぞむ）

1951年前橋市生まれ、東京育ち。自由学園最高学部卒。米ウイスコンシン大畜産学部卒。

1978年北海道上川郡新得町に入植、共働学舎新得農場を開設、代表を務める。

1998年「第1回オールジャパンナチュラルチーズコンテスト」でラクレットが最高賞を受賞。2004年「第3回山のチーズオリンピック」（スイス）で「さくら」が金賞・グランプリを受けたほか、その手づくりチーズは数多くの国際賞を受賞している。

NPO法人「共働学舎」副理事長。NPO法人「新月の木国際協会」副理事長。

著書に『みんな、神様をつれてやってきた』『いのちが教えるメタサイエンス』（小社刊）『いらない人間なんていない』（いのちのことば社）

共鳴力

ダイバーシティが生み出す新得共働学舎の奇跡

2017年2月1日　初版発行

著　者　　宮　嶋　　望　　

発行人　　増田圭一郎

発行所　　株式会社　地湧社
東京都千代田区鍛冶町2-5-9　（〒101-0044）
電　話　03-3258-1251　　郵便振替　00120-5-36341

装幀　宇治晶
カバーイラスト　Kilico
印刷・製本　壮光舎印刷株式会社

2017 Printed in Japan
ISBN 978-4-88503-239-4 C0095

みんな、神様をつれてやってきた

宮嶋望著

北海道新得町を舞台に、様々な障がいを抱えた人たちとともに牧場でチーズづくりをする著者が、人と人のあり方、人と自然のあり方を語る。格差社会を超えた自由で豊かな社会の未来図を描く。

四六判並製

いのちが教えるメタサイエンス

炭・水・光そしてナチュラルチーズ

宮嶋望著

自然の中にはまだまだ解明されていない潜在力がある。著者は、炭や水、電磁波、月のリズムまで徹底的に研究して実践し、快適な環境と世界一のナチュラルチーズを作り上げた。

四六判上製

この子らは光栄を異にす

山浦俊治著

重い知的障がいに加えていくつもの障がいを併せもつ子どもたちの施設のなかで、保母たちの姿に立ち現れた生の讃歌。学園のエピソードを綴りながら、障がい児たちの存在の意味を問いかける。

四六判上製

牛が拓く牧場

自然と人の共存・斎藤式蹄耕法

斎藤晶著

機械を使わず、除草もせず、あるときは種もまかない自然まかせの牧場。北海道の山奥で生まれた、自然の環境に溶け込んだ牧場経営を通じて、未来の人と自然と農業のあり方を展望する。

四六判上製

木とつきあう智恵

エルヴィン・トーマ著／宮下智恵子訳

新月の直前に伐った木は腐りにくく、くるいがないので化学物質づけにする必要がない。伝統的な智恵を生かす自然の摂理にそった木とのつきあい方を説くと共に、新月の木の加工・活用法を解説。

四六判上製

共働学舎新得農場 場内マップ

ミンタル周辺を歩くと牛、馬、羊などの生き物たちに出会えます。
それぞれに心地よく暮らしていますので、適度な距離を保っていただきますようお願い致します。

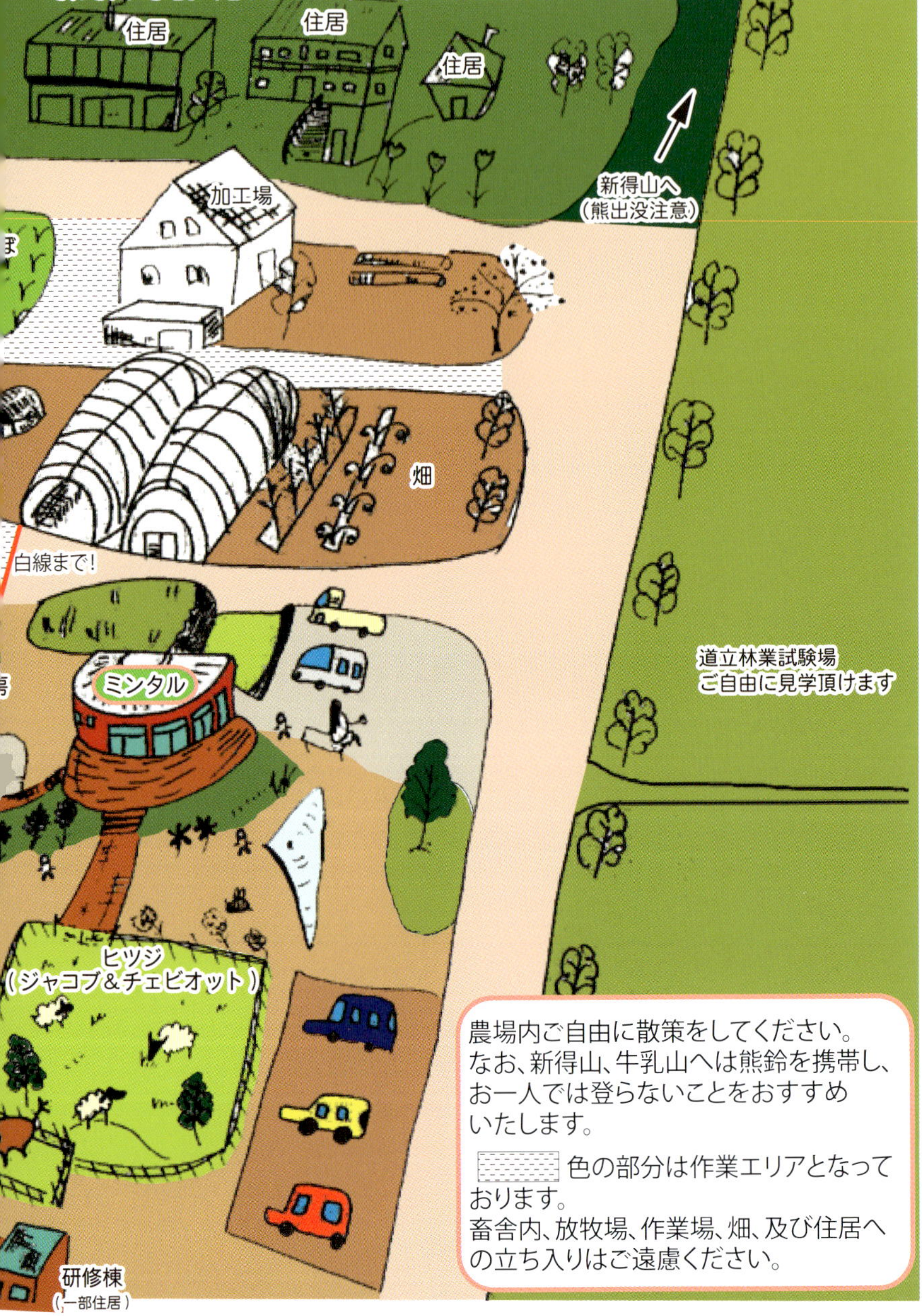

農場内ご自由に散策をしてください。
なお、新得山、牛乳山へは熊鈴を携帯し、お一人では登らないことをおすすめいたします。

色の部分は作業エリアとなっております。
畜舎内、放牧場、作業場、畑、及び住居への立ち入りはご遠慮ください。